景观设计流程

编著 王 川
孟霓霓

THE LANDSCAPE TEACHING AND PRACTICE SERIES

景观教学与实践丛书

LANDSCAPE DESIGN PROCESS

辽宁美术出版社

图书在版编目（ＣＩＰ）数据

景观设计流程／王川，孟霓霓编著． —— 沈阳：辽宁
美术出版社，2016.3
（景观教学与实践丛书）
ISBN 978-7-5314-7223-0

Ⅰ.①景… Ⅱ.①王… ②孟… Ⅲ.①景观设计-教
材 Ⅳ.①TU986.2

中国版本图书馆CIP数据核字(2016)第046235号

出 版 者：辽宁美术出版社
地　　址：沈阳市和平区民族北街29号　邮编：110001
发 行 者：辽宁美术出版社
印 刷 者：沈阳绿洲印刷有限公司
开　　本：889mm×1194mm　1/16
印　　张：7.25
字　　数：220千字
出版时间：2016年6月第1版
印刷时间：2016年6月第1次印刷
责任编辑：李　彤
封面设计：洪小冬
版式设计：苍晓东
责任校对：季　爽　崔　爽　黄　鲲
ISBN 978-7-5314-7223-0
定　　价：49.00元

邮购部电话：024-83833008
E-mail:lnmscbs@163.com
http://www.lnmscbs.com
图书如有印装质量问题请与出版部联系调换
出版部电话：024-23835227

21世纪全国普通高等院校美术·艺术设计专业
"十三五"精品课程规划教材

序 >>

当我们把美术院校所进行的美术教育当作当代文化景观的一部分时，就不难发现，美术教育如果也能呈现或继续保持良性发展的话，则非要"约束"和"开放"并行不可。所谓约束，指的是从经典出发再造经典，而不是一味地兼收并蓄；开放，则意味着学习研究所必须具备的眼界和姿态。这看似矛盾的两面，其实一起推动着我们的美术教育向着良性和深入演化发展。这里，我们所说的美术教育其实有两个方面的含义：其一，技能的承袭和创造，这可以说是我国现有的教育体制和教学内容的主要部分；其二，则是建立在美学意义上对所谓艺术人生的把握和度量，在学习艺术的规律性技能的同时获得思维的解放，在思维解放的同时求得空前的创造力。由于众所周知的原因，我们的教育往往以前者为主，这并没有错，只是我们更需要做的一方面是将技能性课程进行系统化、当代化的转换；另一方面，需要将艺术思维、设计理念等这些由"虚"而"实"体现艺术教育的精髓的东西，融入我们的日常教学和艺术体验之中。

在本套丛书出版以前，出于对美术教育和学生负责的考虑，我们做了一些调查，从中发现，那些内容简单、资料匮乏的图书与少量新颖但专业却难成系统的图书共同占据了学生的阅读视野。而且有意思的是，同一个教师在同一个专业所上的同一门课中，所选用的教材也是五花八门、良莠不齐，由于教师的教学意图难以通过书面教材得以彻底贯彻，因而直接影响到教学质量。

学生的审美和艺术观还没有成熟，再加上缺少统一的专业教材引导，上述情况就很难避免。正是在这个背景下，我们在坚持遵循中国传统基础教育与内涵和训练好扎实绘画（当然也包括设计、摄影）基本功的同时，向国外先进国家学习借鉴科学并且灵活的教学方法、教学理念以及对专业学科深入而精微的研究态度，辽宁美术出版社会同全国各院校组织专家学者和富有教学经验的精英教师联合编撰出版了《21世纪全国普通高等院校美术·艺术设计专业"十三五"精品课程规划教材》。教材是无度当中的"度"，也是各位专家多年艺术实践和教学经验所凝聚而成的"闪光点"，从这个"点"出发，相信受益者可以到达他们想要抵达的地方。规范性、专业性、前瞻性的教材能起到指路的作用，能使使用者不浪费精力，直取所需要的艺术核心。从这个意义上说，这套教材在国内还是具有填补空白的意义。

21世纪全国普通高等院校美术·艺术设计专业"十三五"精品课程规划教材编委会

目录 contents

序

第一章 景观设计概述

》 **本章重点**
1. 了解景观设计的概念
2. 了解景观的特点
3. 了解景观设计学科的发展方向

》 **学习目标**
通过对本章的学习，了解当今景观设计学的发展形式及特点，能够预测景观设计学的发展方向，为后面课程的学习打下基础。

》 **建议学时**
2学时。

第一章 景观设计概述

第一节////景观设计的概念

说到"景观",其实这一词语,拥有比我们自己想象中大得多的范畴,以至于为其制定一个明确的定义是非常困难的。长期以来我们是如此热衷在生活中使用这个词,好像它并不需要说明什么,大家就都已经能够统一思想认识,了解彼此所说的话。但是只要简单地加以测试,恐怕结果还是会出乎大多数人的预料。笔者就曾经在专业学校中对相关专业的学生做过一个有趣的测试。首先选用十张不同的图片(风景、建筑、设施、地形等),为其编号后,让大家将自己认为是"景观"的图片编号写下来。结果发现全班的答案竟然没有几个是一样的。学习相关专业的学生作答尚且如此,可见对于这个词若想做出一个大家都满意的解释,是如何的困难。

有人认为这是一个"积极"的词汇,只有美好的、优良的、经过人们细致加工的"对象"才可能是景观(比如我们常说的园林或是现代的公园等)(见图1-1);有人却认为这是一个"中性"的词汇,任何有特点的"对象"都应该是一种景观(比如一座废弃的工业园区)(见图

1-2);有人认为"人"本身在景观中是非常重要的元素,有人参与制作的,就是景观;有人又认为任何对象都可以是景观,不管是不是人为设计过的(见图1-3)。

图1-2

图1-3

图1-1

其实无论在国外还是国内,景观都是一个被广泛使用而又难以说清的概念,恐怕不外乎是其涉及的专业领域较多造成的。对艺术家而言,景观可以是艺术表现与再现的对象,类似我们平常对"风景"的理解,是一个视觉美学上的概念;而对于地理学家来说,景观则是一个区域概念,

反映的可能是由地理、生物、气候、地形、植被等自然元素组成的区域；对于生态学家来说，景观是空间上不同生态系统的聚合物；而对于景观设计师来说，景观则可能更多地像我们平常中国人所说的"园林"的概念，是一个人为设计营造的，专供人们观赏、游憩、娱乐、生活居住的环境。

考虑到本书所面向的人群，我们在这里还是使用景观设计师这一职业对景观的理解进行诠释。景观是指人类在自然界生存的过程中，经过长期的发展，围绕着生活、工作、体验、认知，对周围环境景象进行技术化的再创造或再认知的过程。这种过程是人类在极其漫长的生存奋斗中将物质与精神这两种必要形式相结合的产物。和所有的艺术设计学科相类似，"景观"这一概念的意义不仅在于其可以为人类带来赏心悦目的视觉效果，更是人类在自身生存发展过程中不可或缺的。将建筑、植物、水体、土地，甚至是声音、气味等多种元素结合在一起进行空间认知和创作，不仅能满足人类这一特殊物种的各种"动物性"的生存需求，同时也能给身处其中的体验者带来精神上的愉悦和享受。它应该是一种能够记载人类过去、表达希望与理想、赖以认同和寄托的语言和精神空间，是人类视觉审美过程的符号对象。它具有客观真实性，是由岩石、土壤、水、气候、动植物等空间物质要素构成的，并在自然和人类活动影响下形成的系统综合体，是人类赖以生存的空间环境要素。

第二节 景观的特点

美国风景园林师协会（ASLA）给风景园林学的定义是："以文化和科学知识为手段，考虑资源的利用和管理，为达到使环境成为可利用和享受的最终目的而进行设计、规划、土地管理和安排自然要素与人工要素的艺术。"由此可见景观学科知识结构的复杂性。它是一门建立在广泛的自然科学和人文艺术学科基础上的应用学科，其核心是协调人与自然的关系，综合性强，规划设计、园林植物、工程学、环境生态、文化艺术、地理学、社会学、心理学、建筑学等多学科的交汇综合，担负着自然环境和人工环境建设与发展，提高人类生活质量，传承和弘扬民族优秀传统文化的重任。

同时景观学科的认知内涵也是非常复杂的。其形成和发展是与人类社会的发展相联系的。其含义、内容和形式随着时代进步也有所变化。从历史上来看，园林从以视觉观赏为主的单个园林，发展到以感觉为主的大众公园，再发展到可以无界限感受的自然景观。从近代人们对景观的认识发展来看，可以简单地概括为：艺术观、功能观、环境观三个阶段。

景观设计是科学与艺术的融合，文化与自然的融合。景观的形式，主要来源于自然环境。我们从大自然中吸取美的形式，获得美的启迪，同时也反映一段历史，一种文化。景观不仅是一种艺术，更是一种大众的环境，所以不只是一个艺术家创造的艺术品，更是用山石、树木、大地以及人造材料来构造我们理想的生活环境。现代的景观艺术一般来说还应该具有以下几个特点。

1.在服务范围上，强调面向大众群体，是为公众服务的规划设计，终极目标是满足人类需求和户外环境的协调。

2.在设计元素和材料上，从传统的山、水、植物、建筑拓展到现代的模拟景观、庇护性景观、高视点景观等综合的现代设计元素和高新技术材料。

3.在设计的范围上，从宅院的种植花木到整个户外生存环境的规划设计；现代景观设计涉及街头绿地、公园、风景旅游区、自然生态保护区、区域和国土的规划设计、大地的宏观生态规划设计。

4.在专业哲学上，从传统的二维景观到三维、四维甚至是五维的景观；从传统的山水、阴阳二元到现代的功能、形态、环境三元。

5.在价值观和审美观上，现代景观设计不仅单纯讲究美观还讲究生态环保，讲究生态效益、环境效益和社会效益。

6.在从业人员方面，现代景观规划设计要求的不仅仅是传统的园林造园师，现代景观设计师要求建筑、城市规划、园林、环境、生态、地理、历史、人文等多学科人员的参与合作，学科知识更加综合。

7.在设计手段上，现代景观规划设计更多地采用新技术、新材料，如模型制作、计算机渲染、三维呈现等。

8.新理论的运用方面，现代景观规划设计中强调运用可持续发展、区域规划、生态规划等理论。

总之，现代景观规划设计是一个综合的人文自然和艺术设计相结合的学科，体现了历史文化精神的延续和人文主义的关怀，为人类与自然的和谐相处做出了重大贡献。

第三节////景观设计学科的发展方向

近几十年来，人口增速加快，生产力飞速发展，人类整体生活水平和物质能量消耗水平成倍增长，环境问题越来越明显。这些症候已使人类认识到其活动对自然环境的破坏已经到了威胁自身发展和后代生存的程度。今天，随着新世纪和新时代的来临，人类一方面在深刻的反省中重新审视自身与自然的关系，重新谋求建立人文生态与自然生态的平衡关系，以图重建已遭破坏的家园；另一方面，新时代的来临使人们更加需要建立一个融当下社会形态、文化内涵、生活方式、面向未来的更具人性的、多元综合的理想生存环境空间，这是新时代赋予景观设计师的责任和义务。新时代的景观设计发展方向主要有以下几点：

一、强调尊重与理解，创建人性化的景观

景观设计首先是作为人类的生存空间和人们的生活区域这两种物质空间而存在的，而在过去相当长的一段时间里，以审美为主导的景观意识使人们一度忽略了景观的这个本质属性。20世纪70年代以来，城市化和工业化飞速发展，在社会物质财富和精神财富迅速增长的同时，也给人类带来了诸如能源短缺、环境污染、资源浪费等一系列迫切需要解决的生态环境和人居环境的问题。而如何解决这些问题就成为摆在当代景观设计师面前的一道重要的课题。西蒙兹就曾尝试把所看到的精彩的景观规划设计作品（如中国的天坛、圆明园，日本的龙安寺，法国的香榭丽舍大道等）提炼为基本的规划理论，结论是"人们规划的不是场所，不是空间，也不是物体；人们规划的是体验——首先是确定的用途或体验，其次才是随形式和质量有意识地设计，以实现希望达到的效果。场所、空间或物体都根据最终目的来设计。"这里所说的人们，是指景观设计的主体服务对象，"规划"只是围绕"主体服务对象"在实际中所得到的体验而展开。但在现实中，设计师和开发商会将自己认为"好"的景观体验放在设计中而强加给真正的景观使用者。

在景观设计中，设计师对主体服务对象——使用者的充分理解是很必要的。人首先具有动物性，通常保留着自然的本能并受其驱使。同时，人又具有动物所不具备的特质——渴望美和秩序。人在依赖自然的同时，还可以认识自然的规律，改造自然，所以理解人类自身，理解特定景观服务对象的多重需求和体验要求，是景观规划

设计的基础。

　　所谓人性化设计是以人为核心，注重提升人的价值，尊重人的自然需要和社会需要的动态设计哲学。人性化的景观设计会给人们带来物质层次和心理层次的双重满足。人性化设计的景观不仅给生活带来方便，而且令使用者与景观之间的关系更加融洽，使人感到舒适，而不是让使用者去适应它、理解它。

　　"人性化设计"要考虑不同文化层次和不同年龄人群活动的特点。它要求有明确的功能分区，要形成动静有序、开敞和封闭相结合的空间结构，以满足不同人群的需要。"人性化设计"更大程度地体现在设计细节上，如各种配套服务设施是否完善，尺度是否宜人，材质如何选择，等等。目前，我国的景观设计在这方面虽然还不够成熟，但处于不断的改进之中。例如，近年来我们可以看到，为方便残疾人轮椅车出行及盲人出行，很多城市广场、街心花园都进行了无障碍设计，即城市景观人性化设计的具体体现。

　　景观设计还需要注重人们心理层次上的满足感，对景观的心理感知过程正是人与景观融合为一的过程。人们心理层次上的满足感不像物质层次上的满足那样直观。夕阳、清泉、急雨、蝉鸣、竹影、花香，都会引起人的思绪变迁。在景观设计中，一方面要让人触景生情，另一方面还要使"情"升为"意"，进而使"景"升为"境"，这时"意境"就产生了，而"意境"的产生将会使人们获得高层次的文化精神的享受。

二、创建理解自然、尊重自然的生态景观

　　景观规划设计的另一个服务对象是自然，即受到人类活动干扰和破坏的自然系统。我们所规划的人的体验必须通过物质空间要素才能体现出来，这些要素既有纯粹自然的要素如气候、土壤、水分、地形地貌、大地景观特征、动物、植物等，也有人工的要素如建筑物、构筑物、道路，等等，景观设计中对诸要素的综合考虑必须放在人与自然相互作用的前提下。

　　城市建设的理念应是"人与天调，然后天地之美生"。自然有它自己的发展规律，它对人类干扰和破坏的承受程度是有限的。西蒙兹说："自然法则指导和奠定所有合理的规则思想。"同时，他还引用辛·范·德赖恩和斯图尔特·考恩的话："生态设计仅是有效地适应自然过程并与之统一。"美国著名的生态设计学家麦克·哈格在其著名的《设计结合自然》一书中也对此做了精到的阐述。麦克·哈格一反以往土地和城市规划中功能分区的做法，强调土地利用规划应遵从自然固有的价值和自然过程。可以说，麦克·哈格为景观规划设计应如何对待自然指明了方向。

　　生态学是一门关于人与自然的关系的科学，西方的环境与能源危机将现代生态学推上了历史的舞台。而在中国，生态概念并没有很好地走进公众的视野，把生态等同于"绿色"，并且甚至一度成为严重破坏生态的大树移植的一个幌子（在苏州举行的亚欧林业国际研讨会上，国内专家宋运昌等对"大树进城"运动表示了深深的忧虑。他指出，有些城市置自然规律于不顾盲目移栽大树，正在给城市和农村带来生态风险，而这些移植大树的存活率大约只有50%）。生态学是景观生态规划的基础学科，在景观场所的设计上，我们也应遵循生态学的原理。现代景观设计应将景观场所理解为自然生态系统的一个组成部分，应谨慎合理地利用自然资源，最大限度地减少对生态系统的干扰以保护自然资源，要把景观场所对自然的入侵减至最低程度，从而维持自然系统的完整。

　　城市的生态化发展模式是人们对人类社会进入工业文明以来所走过的道路进行深刻反思的结果，是一种更注重复合生态整体效益的发展模式，是人类文明演进的历史性的重大转折。生态的城市景观设计就是要维护和强化整体山水格局

的连续性；保护和恢复城区和城郊河流水系的自然形态；保护和恢复湿地系统；开设专有绿地、完善城市绿化系统。俞孔坚把这样的城市化生态道路和绿化植物方式称之为"野草之美"，"是一种'白话的景观和寻常之美'"，并且，他"反对把人的主观文化审美和观念凌驾于土地和生命意志之上"。

三、理解社会环境和人类文化，创建可持续的景观

不同社会环境的价值观、审美观、哲学取向都会对景观规划设计产生很深远的影响。因此，就有了不同国家、地区和民族的景观差异。"就是相同的国家、地区和民族，在不同时期里，景观设计也呈现出很大的异质性，即使人类对外来的事物抱有无限的好奇心，外来之物也无不打上本民族本地区的烙印"。巴特·鲁斯玛也曾说："任何向国际化敞开大门的国家的文化都会纠缠在两种相斥的潮流当中，一方面是对国家传统的实际价值的评估，另一方面是对参与到国际大开发当中的期望——使自己的国家在其中占有一席之地。"这是许多国家特别是发展中国家普遍遇到的问题，对拥有悠久文化传统的中国而言更是如此。怎样看待传统，理解传统，一直是景观与建筑设计界所关注和讨论的问题。

中国现代景观设计在对待传统的问题上，应从表层的中式风格的模仿转向中国文化的深层结构研究，必须拒绝中式符号的简单拼贴与运用。我们必须跳出某种具象形式和风格的范畴，把传统和文化放在更大的范围内去看待。现代景观设计应从不同地域的人们的日常生活、劳动及休闲空间中去寻找空间原型和结构，从对乡土景观及广义上的景观的研究中汲取传统文化的营养。人类是相互影响的，景观设计只有深刻把握和了解了人类社会的文化，才有可能使其作用得到大众的认同，才会有更旺盛的生命力。例如，2002年获美国风景园林师协会（ASLA）荣誉设计奖

的中山岐江公园的设计，就是把著名的原广东省中山市粤中造船厂作为社会主义工业化遗产给予尊重并保留下来的成功典范（见图1-4）。

图1-4

人类社会在不断地前进，时间像一条永不停息的河流将人类文明一点点地沉积下来，景观规划设计的成果也是一样。景观规划设计的指导理论和评价标准，在农业时代是唯美论，在工业时代是以人为中心的再生论，在后工业时代是可持续论。随着环境与能源危机的加剧，人们将可持续发展理念作为一种应用理论来处理环境、健康和发展之间的三角关系，并成为当代景观设计研究的重心。

美国倡导可持续发展的领袖人物威廉·麦当诺说："设计中做出的关乎人类、自然的生存以及他们共存的权利的决定，要为这些决定带来的后果负责。"可持续设计理念使得设计师和业主从伦理角度及景观能耗的角度，重新考虑设计的合理性，改变了传统设计的组织方法。它提倡在设计过程中利用"减法的设计"，即减去不必要的部分，甚至仅剩下我们与客观世界的伦理关系的核心内容；它主张利用再生材料，选择那些能重复种植、生产的材料，或直接从再生的替代材料中选取材料，并且通过保护来延长材料的生命周期，以减少材料需求的总量；它还注重使失去功效的材料能够容易和简单地被分离、拆除，而

不至于影响到其他尚能发挥功效的材料的继续使用。

四、高科技与当代景观设计

景观设计涉及科学、艺术、社会及经济等诸多方面的问题，它们密不可分、相辅相成。只有联合多学科共同研究、分工协作，才能保证一个景观整体生态系统的和谐与稳定，创造出具有合理的使用功能、良好的生态效益和经济效益的高质量的景观。

科学技术的发展为景观设计提供了新的设计手段和方法。计算机、信息网络的发达和应用软件的开发，为景观设计师提供了全新的分析、解决问题的方法。20世纪60年代，麦克·哈格《设计结合自然》一书中对地理信息系统原理及其技术（GIS）提出运用。采用计算机技术进行区域景观要素的分析与叠加分析，为设计师更全面地把握环境特质，并进行方案的比较研究奠定了基础，实现系统化的分析评价。

第二章 景观设计的发展历程

一 本章要点 ▷
1. 掌握世界三大园林的特点
2. 了解每一种世界园林类型的发展历程

一 学习目的 ▷
通过对本章的学习，能够掌握当今世界三大园林体系各自的特点，能够说出中国、西方、伊斯兰园林的发展历程，能够将其特点运用到将来的景观设计中。

一 建议学时 ▷
4学时。

第二章　景观设计的发展历程

大约一万年前，在亚洲和非洲的一些大河冲积平原和三角洲地区，农业的长足发展，使人类进入了以农耕为主的农业文明阶段。果园、菜圃、兽场亦分化为供生产为主的果蔬园圃和供观赏为主的花园、猎苑。伴随农业生产力的进一步发展，产生了城镇、国都和手工业、商业。建筑技术的不断提高，也为大规模兴造园林提供了必要条件。经过不同地域先民们的不断努力，加之各自不同的自然地域，文化体系的巨大差异，世界上逐渐演化形成几种不同的景观系统或者说是园林体系。文化体系的主要影响因素由种族、宗教、风俗习惯、语言文字系统、历史地理和文化交流等构成。尤其以自然地域、种族、宗教文化、语言文字系统影响最大。

就目前掌握的历史资料来看，世界园林体系可以划分为中国园林体系、欧洲园林体系和伊斯兰园林体系。这三种体系分别起源于中国、古希腊和古代波斯帝国。

中国的园林也就是我们常说的中国山水园林，是东方造园艺术的代表。强调造园活动中自然美的表达。其造园思想主要来源于中国传统文化中"天人合一"。在这种思想指导下造园活动主要表现为对自然景观的效法。讲究源于自然、高于自然，使自然美和人工美融为一体，而中国造园艺术的最高境界就是"虽由人作，宛自天开"。

而欧洲园林体系则强调人定胜天的思想，园林体系重点体现出人对自然的改造。在这种思想指导下，欧洲的园林逐渐发展成以建筑为主体的规则轴线景观布局。多出现修整规则的树木、几何纹样式的花坛，以及整形成迷宫式的绿篱等。这一特点在文艺复兴时期又被人文主义学者和设计师发扬光大，形成了数百年的园林景观设计传统。在文艺复兴以及之后的三百多年里，意大利台地园林、法国古典主义园林等先后登上了历史的舞台，统领了不同时期园林景观设计的潮流，更有众多的重要作品和设计师流芳千古，被后人传颂。

伊斯兰园林是古代阿拉伯人在吸收两河流域和波斯园林艺术基础上创造的。它以幼发拉底、底格里斯两河流域及美索不达米亚平原为中心，以阿拉伯世界为范围，以叙利亚、波斯、伊拉克为主要代表。其影响力甚至到达欧洲的西班牙和南亚次大陆的印度。伊斯兰园林是一种模拟伊斯兰教天国的高度人工化、几何化的园林艺术形式，常以《古兰经》中描述的内容为主，将其反映到园林的庭园设计中。伊斯兰园林长版绿篱、围墙围合成方直的平面形式庭园。为把人和自然的界限划分清楚，庭园内常以"田"字形纵横轴线划分成四个区域，以林荫道或者水系分开，而交错的中心常常会设计成重要的水景，形成独特的十字形景观特点。这种园林形式与古巴比伦园林、古波斯园林有十分紧密的渊源关系。

这三大景观设计或者说造园活动的体系虽然在相对独立的环境下逐渐发展起来，但随着全球各国间宗教、经济、文化等交往逐渐频繁，造园活动和设计理念也开始得到了广泛的传播。例如英国皇家建筑师钱伯斯就曾两度游历中国之后著文盛赞中国造园手法，随后在英国的园林中出现了中国式的亭、塔、桥等元素。虽然这是肤浅的模仿，但也促成了18世纪法国人称之为"英中式园林"流派在欧洲的流行。而与此同时，西方的造园艺术手法也得到中国皇帝的认可。在圆明园中也出现了西洋楼的样式和大水法的水景设计。这一系列的现象反映了各个造园流派间日益频繁的交往，对于文化的交流和民族的进步做出了巨大的积极贡献。

人类对于园林的向往，表明了人类终将会把景观的设计重心放回到和谐的自然环境之中。随着人类生存环境的日益恶化，回归自然的呼声也日益高涨。自然作为园林永恒的主题，使得人们的自然观对于园林艺术形式的发展起着决定性的作用。

园林的发展史同时也是社会的进步史。园林从早期帝王贵族们的奢侈品，到供富裕阶层享乐的室外居所，最终成为广大人民享受自然的公共场所，充分体现出时代的进步、社会的公正和人们生存环境的改善。园林从由私人建造的领域走向公共建设的范畴，也使得园林艺术的形式更加丰富多彩。

第一节 //// 中国园林的发展历程

中国是世界园林艺术起源最早的国家之一，在世界园林史上占有极其重要的历史地位。其风格样式不仅传播到日本、朝鲜、东南亚等国家，而且对欧洲的园林艺术也产生巨大的影响。中国古典园林历史悠久，大约经历了夏、商、周的奴隶社会以及秦、汉、魏、晋、南北朝、五代十国、唐、宋、元、明、清的封建社会。我国劳动人民在三千余年漫长的辛勤劳动积累中，以其聪明才智，创造了举世瞩目、光辉灿烂的园林历史文化和丰富多彩的珍贵遗产，形成了世界上独树一帜的中国古典园林，其全部发展历史可分为五个时期：

一、生成期（公元前11世纪—公元220)

这是中国古典园林从萌芽、产生而逐渐成长的时期。这个时期的园林发展虽然尚处在比较幼稚的初级阶段，但却经历了奴隶社会末期和封建社会初期长达一千二百多年的漫长岁月，相当于殷、周、秦、汉四个朝代。

最早见于文字记载的园林形式是"囿"，园林里面的主要建筑物是"台"。中国园林的雏形产生于囿与台的结合，时间在公元前11世纪，也就是奴隶社会后期的殷末周初。在商朝的甲骨文中已经有了园、圃、囿等字，而从它们的活动内容可以看出囿最具有园林的性质，在商朝末年和周朝初期，不但"帝王"有囿，甚至下一级的奴隶主也有囿，只不过在规模大小上有所区别。

从各种史料记载中可以看出商朝的囿，多是借助于天然景色，让自然环境中的草木鸟兽及猎取来的各种动物滋生繁育，加以人工挖池筑台，掘沼养鱼，范围宽广，工程浩大，一般都是方圆几十里，或上百里，供奴隶主在其中游憩、礼仪等活动，已成为奴隶主娱乐和欣赏的一种精神享受。在囿的娱乐活动中不只是狩猎，同时也是欣赏自然界动物活动的一种审美场所。所以，我国园林的兴建是从殷周开始的，囿是园林的最初形式。

秦始皇统一中国后，为了防范旧贵族的反抗，迁徙六国贵族和豪富十二万户于咸阳及南阳、巴蜀等地，营造宅地，在较短的时间里，修宫殿，造坟墓，筑长城，修驰道，使建筑技术和艺术有了进一步发展，这期间，囿又得到了进一步发展，除游乐狩猎的活动内容外，囿中开始建"宫"设"馆"，增加了帝王在其中寝居以及景观活动的内容（见图2-1，汉长乐宫想象图）。

图2-1

汉代的园林以皇家园林为代表，而"上林苑"宫苑又是其中最具特色的园林，在一定程度上讲，上林苑是中国古典园林的雏形，在中国古典园林的发展史上有着重要的历史地位和作用。苑内除动植物景色外，还充分注意了以动为主的水景处理，学习了自然山水的形式，以期达到坐观静赏、动中有静的景观目的，无论从内容、形式、构思立意，以及造园手法、技术、材料等各方面，都达到相当高的水平，应该说是真正具有了我国园林艺术的性质。

二、转折期（公元220—公元589）

魏晋南北朝时期，是中国古代园林史上的一个重要转折时期。豪富们纷纷建造私家园林，把自然式风景山水缩写于自己的私家园林中。如西晋石崇的"金谷园"（见图2-2），是当时著名的私家园林，石崇，晋武帝时任荆州刺史，他聚敛了大量财富广造宅园，晚年辞官后，退居洛阳城西北郊金谷涧畔之"河阳别业"，即金谷园。私家园林在魏晋南北朝时期已经从写实到写意，例如北齐庾信的《小园赋》，说明了当时私家园林受到山水诗文绘画意境的影响，而宗炳所提倡的山水画理之所谓"坚画三寸当千仞之高，横墨数尺体百里之回"，成为造园空间艺术处理中极好的借鉴。

魏晋南北朝在中国历史上有过一个长期的混乱时代。这时期的哲学主要有两大派，一为佛教，一为道教。随着佛教勃兴，佛寺建筑大为发展，木塔、砖塔也就在南北朝时期兴建。在佛教兴盛时代，因为魏朝提倡和宣传与信仰的关系，帝王贵族豪华宫殿建筑也大量地用在佛寺建筑上，因此佛寺建筑都装饰得华丽和金碧辉煌，与帝王的宫城一样豪华和大气。佛教建筑在总的布局上，有供奉佛像的殿宇和附属的园林部分，这和私家园林居住与园林部分类似，因此构成佛寺园林。这种佛寺园林建筑即使在城市中心地段，也多采用树木绿化来点缀，创造幽静的环境，而

图2-2

在近郊的佛寺建筑总是丛林培植，花木取胜。

从魏晋开始，南北朝的园林艺术向自然山水园发展，以宫、殿、楼阁建筑为主，充以禽兽，其中的宫苑形式被扬弃，而古代苑囿中山水的处理手法被继承，如北魏时期的"华林园"（见图2-3）。以山水为骨干是园林的基础，构山要重岩覆岭、深溪洞壑，崎岖山路，合乎山的自然形势。山上要有高林巨树、悬葛垂萝，使山林生色。叠石构山要有石洞，能潜行数百步，好似进入天然的石灰岩洞一般，同时又精构楼馆，列于

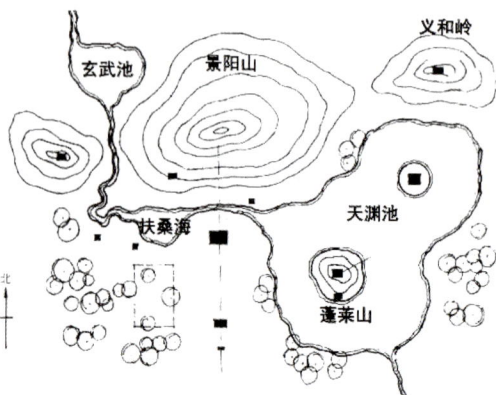

图2-3

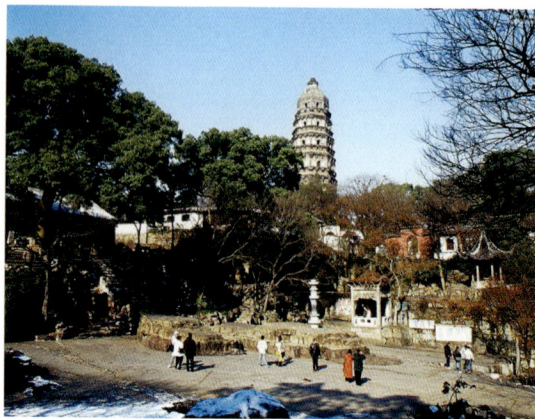

图2-4

山下，半山有亭，便于憩息，山顶有楼，远近皆见，跨水为阁，流水成景，这样的园林创作达到了妙极自然的意境。自然山水园的出现，为后来唐、宋、明、清时期的园林艺术打下了深厚的基础，形成造园活动从生成到全盛的转折，初步确立了园林美学思想，奠定了中国古典园林大发展的基础。

三、全盛期（公元589—公元960）

隋、唐是我国封建社会中期的全盛时期，园林的发展也相应地进入盛年期，它所具有的风格特征已经基本上形成了。

唐宋时期山水诗、山水画很流行，这必然影响到园林创作，诗情画意写入园林，以景入画，以画设景，形成了"唐宋写意山水园"的特色。公共园林性质的寺院丛林在唐宋也有所发展，如在我国的一些名山胜景庐山、黄山、嵩山、终南山等地，修建了许多寺院，有的既是贵族官僚的别庄，往往又作为避暑消夏的去处。从唐、宋园林我们可以看出，我国园林的基本形式有以艮岳为代表的皇家宫苑，以苏州、杭州等地为代表的自然式城市风景园，或以洛阳等地为代表的私家园林，这些不仅在形式，而且在造园手法等方面，也达到了极高的境界。苏州的虎丘风景区（见图2-4）就是在唐代白居易这位著名诗人主

政苏州时逐步成形的。这一时期园林艺术总的特点是，效法自然而又高于自然，寓情于景，情景交融，极富诗情画意，形成人们所说的写意山水园，为明清园林，特别是江南私家园林所继承发展，开创了我国园林的一代新风，成为我国园林的重要特点之一。

四、成熟期（公元960—公元1736）

两宋到清初时期园林的发展亦由盛年期而升华为富于创造进取精神的完全成熟的境地。

由于市镇经济发展的需要，从北宋开始，延续一千余年的"坊市制"被废弃了，坊市之间封闭性的隔离墙被拆除，如此一来，喧闹的市镇生活更直接地进入了市民的住宅，于是城市人更渴望拥有一个私密安静的天地，可供休息和玩乐，所以可居、可游、可玩、可赏的园林形式就逐渐在富裕阶层和文人雅士之间流行开来。北宋文人所追求的是让精神在纯朴的自然风光中有所寄托，使心灵于幽寂的竹林间获得安宁，所以，北宋时期的园林风格趋同于质朴，园林中的建筑物相对后世来说也少得多。但是质朴归质朴，园中景观的设计修建还是颇费思量的。如翰林学士司马光的独乐园（见图2-5），在当时洛阳诸园之中最为质朴，但在筑台疏水、植竹栽花等方面颇具匠心，营造了诸如人造瀑布、见山台、浇花

图2-5

亭、钓鱼庵等多种具有特色的景点和建筑。洛阳园林的水景建设，无疑为江南园林艺术的进一步发展做出了表率。

在园林发展史上，南宋是重要的转折兴盛时期。一方面园林分布更为广泛，受帝王大建园林的影响，江南城镇修建园林蔚为成风，中小城镇修筑园林亦十分踊跃。以苏州为例，见于记载的各类宋代园林在70所以上，其中大多是在南宋时期创建或在北宋园林的基础上踵事增华、趋于完善的。另一方面，南宋园林更注重观景构建，园林主人已不是单纯将园林作为隐逸休憩、友朋宴集的场所，而且把它当作表现艺术才能的创作天地。如赵氏菊坡园的天开图画、俞氏园甲天下的瑰丽假山，都足以作为艺术珍品而流传。南宋吴兴园林，大多具备山池或竖以太湖石，或堆砌假山，或疏水凿池，意欲营造一种山清水秀，清冷可人的氛围，这也说明以叠石理水著称的江南园林风范已深入人心，并逐渐取代了以花木为重心的北方园林风格。

五、成熟后期（公元1736—公元1911）

清中叶到清末时期。清代的乾隆王朝是中国封建社会的最后一个繁盛时代，表面的繁盛掩盖着四伏的危机，随着西方帝国主义势力入侵，封建社会盛极而衰逐渐趋于解体，封建文化也愈来愈呈现衰颓的迹象。园林的发展，一方面继承前一时期的成熟传统而更趋于精致，表现了中国古代园林的辉煌成就，另一方面则暴露出某些衰颓的倾向，已多少丧失前一时期的积极、创新精神。清末民初，封建社会完全解体、历史发生急剧变化、西方文化大量涌入，中国园林的发展亦相应地产生了根本性的变化，结束了它的古代时期，形成了现代园林的萌芽。

清朝时期，是中国古典园林发展成熟的鼎盛时期，强调了中国古典园林"虽由人作，宛自天开"的建筑思想，集中体现了中国古典园林的精髓。无论是造园理论还是造园实践都达到前朝所没有的高度和水平，造园理论、造园手法、造园技艺也都臻于成熟，并涌现了许多著名的造园家。比如对房舍、窗栏、墙壁、联匾、山石、花树都有独特见解的李渔，采用山水花卉画的构图来设计园林布局的张涟，乾嘉年间的叠山名家戈裕良等。清朝园林的一个显著的特色就是北方的皇家园林和江南的私家园林，都获得了长足的发展。

清代宫苑园林一般建筑数量多、尺度大、装饰豪华、庄严，园中布局多园中有园，即使有山有水，仍注重园林建筑的控制和主体作用。不少园林造景模仿江南山水，吸取江南园林的特色，称为建筑山水宫苑。代表作有北京的颐和园（见图2-6）、圆明园和承德避暑山庄。明清私家园林在前代的基础上有很大的发展。较有名的江南园林分布在苏州（拙政园、留园见图2-7、狮子林、沧浪亭、网师园等）、无锡（寄畅园等）、扬州（个园、何园等）、上海（豫园、内园等）、南京（瞻园等）、常熟（燕园等）、南翔（古漪园）、嘉定（秋霞圃）、杭州（皋园、红栎山庄等）、嘉兴（烟雨楼）、吴兴（潜园）等。

图2-6

图2-7

第二节/////西方景观的发展历程

西方园林与中国园林一样，有着悠久的历史和光荣的传统，是世界园林艺术中的瑰宝。在西方，无论是基督教的伊甸园，还是希腊神话传说中的爱丽舍田园，都为人们描绘了天使在密林深处，在山谷水涧无忧无虑地跳跃、嬉戏的欢乐场景。这种原始环境中的人与自然和谐共存的生活空间，既是早期人们造园的蓝本，也是园林艺术取之不尽的源泉。

但是，真正意义上的园林与神话传说中的天堂是有所不同的。最大的差别就在于天堂的魅力之一是凭借想象的"纯粹的自然"，而园林是介于人类对自然的情感和对艺术的感受之间的人工环境。园林中包含了自然，并以自然要素如水、光、空气以及生物等，结合人工要素，构成其艺术要素。

因此，园林的出现，应是在人类感到其生活环境已远离自然，并且人类已经有了创造美的欲望的时候。造园表明了人类希望在赖以生存的土地上寻回失去的乐园的愿望，是人类对理想的生存环境的憧憬。造园既是人类情感对失去的乐园的回归，同时又是人类走向理想的生活环境的开始。

一、公元前五世纪的古希腊雅典城邦和罗马别墅花园

古希腊由许多奴隶制的城邦国家组成。公元前500年，以雅典城邦（见图2-8，雅典卫城）为代表的完善的自由民主政治带来了文化、科学、艺术的空前繁荣，园林的建设也很兴盛。古希腊园林大体上可以分为三类：第一类是供公共活动浏览的园林，早先原为体育竞技场，后来，为了遮荫而种植的大片树丛逐渐开辟为林荫道，为了灌溉而引来的水渠逐渐形成装饰性的水景。到处陈列着体育竞赛优胜者的大理石雕像，林荫下设置座椅。人们不仅来此观看体育活动，也可以散

图2-8

步、闲谈和游览。政治学家在这里发表演说，哲学家在这里辩论，为此而修建专用的厅堂，另外还有音乐演奏台以及其他公共活动设施。但这种颇似现代"文化休息公园"的公共园林存在的时间并不长，随着古希腊民主政体的衰亡而逐渐消失。第二类是城市的住宅，四周以柱廊围绕成庭院，庭院中散置水池和花木。第三类是寺庙园林，即以神庙为主体的园林风景区，例如德尔菲圣山（见图2-9）。

图2-9

罗马继承古希腊的传统而着重发展了别墅园和宅园这两类，别墅园的修建在郊外和城内的丘陵地带（见图2-10，帕拉迪诺山丘），包括居住房屋、水渠、水池、草地和树林。当时的一位官员和著作家普林尼对此曾有过生动的描写："别墅园林之所以怡人心神，在于那些爬满常春藤的柱廊和人工栽植的树丛；晶莹的水渠两岸缀以花坛，上下交相辉映。确实美不胜收。还有柔媚的

图2-10

林荫道、敞露在阳光下的洁池、华丽的客厅、精制的餐室和卧室……这些都为人们在中午和晚上提供了愉快安谧的场所。"庞贝古城内保存着的许多宅园遗址一般均为四合庭院的形式，一面是正厅，其余三面环以游廊，在游廊的墙壁上画上树木、喷泉、花鸟以及远景等的壁画，造成一种扩大空间的感觉。

二、十五世纪的意大利半岛

十五世纪是欧洲商业资本的上升期，意大利出现了许多以城市为中心的商业城邦。政治上的安定和经济上的繁荣必然带来文化的发展。人们的思想从中世纪宗教里解脱出来，摆脱了上帝的禁锢，充分意识到自己的能力和创造力。"人性的解放"结合对古希腊罗马灿烂文化的重新认识，从而开创了意大利"文艺复兴"的高潮，园林艺术也是这个文化高潮里面的一部分。

意大利半岛三面瀕海而多山地，气候温和，阳光明媚。积累了大量财富的贵族、大主教、商业资本家们在城市修建华丽的住宅，也在郊外经营别墅作为休闲的场所，别墅园遂成为意大利文艺复兴园林中的最具代表性的一种类型。别墅园林多半建立在山坡地段上，就坡势而做成若干的台地，即所谓的台地园（见图2-11）。园林的规划设计一般都由建筑师担任，因而运用了许多古典建筑的设计手法。主要建筑物通常位于山坡地段的最高处，在它的前面沿山坡而引出的一条中轴线上开辟一层层的台地，分别配置保坎、平

图2-11

台、花坛、水池、喷泉、雕像。各层台地之间以蹬道相联系。中轴线两旁栽植高耸的丝杉、黄杨、石松等树丛作为园林本生与周围自然环境的过渡。站在台地上顺着中轴线的纵深方向眺望，可以收摄到无限深远的园外借景。这是规整式与风景式相结合而以前者为主的一种园林形式。

理水的手法远较过去丰富。每与高处汇聚水源作贮水池，然后顺坡势往下引注成为水瀑，平濑或流水梯，在下层台地则利用水落差的压力做出各式喷泉，最低一层平台地上又汇聚为水池。此外，常有为欣赏流水声音而设的装置，甚至有意识地利用激水之声构成音乐的旋律。

作为装饰点缀的"园林小品"也极其多样，那些雕镂精致的石栏杆、石坛罐、保坎、碑铭以及为数众多的、以古典神话为题材的大理石雕像，它们本身的光亮晶莹衬托着暗绿色的树丛，与碧水蓝天相掩映，产生一种生动而强烈的色彩和质感的对比。

三、十七世纪的法国

十七世纪末，欧洲资本主义的原始积累加速进行着，君主专制政权成了资产阶级和贵族共同镇压农民和城市平民的国家机器。法国在当时已经是世界上最强大的中央集权的君主国家，国王路易十四建立了一个绝对君权的中央政府，尽量运用一切文化艺术手段来宣扬君主的权威。宫殿和园林作为艺术创作当然也不例外，巴黎近郊的凡尔赛宫就是一个典型的例子（见图2-12）。

图2-12

图2-13

凡尔赛宫占地极广，大约有六百余公顷。是路易十四仿照财政大臣副开的围攻园的样式而建成，包括"宫"和"苑"两部分。广大的苑林区在宫殿建筑的西面，由著名的造园家靳诺特设计规划。它有一条自宫殿中央往西延伸长达两公里的中轴线，两侧大片的树林把中轴线衬托成为一条宽阔的林荫大道，自西向东一直消失在无垠的天际。林荫大道的设计分为东西两段：西段以水景为主，包括十字形的大水渠和阿波罗水池，饰以大理石雕像和喷泉（见图2-13）。十字水渠横碧的北段为别墅园"大特里阿农"，南端为动物饲养园。东端的开阔平地上则是左右对称布置的几组大型的"绣毯式植坛"。大林荫道两侧的树林隐藏地布列着一些洞府、水景剧场迷宫、小型别墅等，是比较安静的就近观赏的场所。树林里还开辟出许多笔直交叉的小林荫路，它们的尽端都有对景，因此形成一系列的视景线，故此种园林又叫作视景园。中央大林荫道上的水池、喷泉、台阶、雕像等建筑小品以及植坛、绿篱均严格按对称均齐的几何格式布局，是规整式园林的典范。较之意大利文艺复兴园林更明显地反映了有组织有秩序的古典主义原则。它所显示出的恢宏的气概和雍容华贵的景观也远非前者所能比拟。

四、十八世纪初期的英国

英伦三岛多起伏的丘陵，十七、十八世纪时

由于毛纺工业的发展而开辟了许多牧羊的草场。如茵的草地、森林、树丛与丘陵地貌相结合，构成了英国天然风光的特殊景观。这种优美的自然景观促进了风景画和田园诗的兴盛。而风景画和浪漫派诗人对大自然的纵情讴歌又使得英国人对天然风致之美产生了深厚的感情。这种思潮当然会波及园林艺术，于是封闭的"城堡园林"和规整严谨的"靳诺特式"园林逐渐被人们所厌弃，促使他们去探索另一种近乎自然、返璞归真的新的园林风格——风景式园林。

英国的风景式园林（见图2-14，英国谢菲尔德花园）兴起于十八世纪初期。与靳诺特式的园林完全相反，它否定了纹样植坛、笔直的林荫道、方正的水池、整形的树木。扬弃了一切几何形状和对称均齐的布局，代之以弯曲的道路、自然式的树丛和草地、蜿蜒的河流、讲究借景和与园外的自然环境相融合。为了彻底消除园内的景观界限，英国人想出一个办法，把园墙修筑在深沟之中，即所谓"沉墙"。当这种造园风格盛行的时候，英国过去的许多出色的文艺复兴和靳诺特式园林都被拆毁而改造成为风景式的园林。

图2-14

风景式园林比规整式园林，在园林与天然风致相结合，突出自然景观方面有其独特的成就。但物极必反，却又逐渐走向另一个完全极端即完全以自然风景或者风景画作为抄袭的蓝本，以至于经营园林虽然耗费了大量的人力和资金，而所得到的效果与原始的天然风致并没有什么区别。

看不到多少人为加工的点染，虽源于自然但未必高于自然。这种情况也引起了人们的反感。因此，从造园家列普顿开始又使用台地、绿篱、人工理水、植物整形修剪以及日晷、鸟舍、雕像等建筑小品；特别注意树的外形与建筑形象的配合衬托以及虚实、色彩、明暗的比例关系。甚至有在园林中故意设置废墟、残碑、断墙、朽桥、枯树以渲染一种浪漫的情调，这就是所谓的"浪漫派"园林。

这时候，通过在中国的耶稣会传教士致罗马教廷的通讯，以圆明园为代表的中国园林艺术被介绍到欧洲。英国皇家建筑师钱伯斯两度游历中国，归来后著文盛谈中国园林并在他所设计的丘园中首次运用所谓"中国式"的手法，虽然不过是一些肤浅和不伦不类的点缀，终于也形成一个流派，法国人称之为"中英式"园林，在欧洲曾经盛行一时。1769年兴建的法国蒙索公园（见图2-15）就是出现在欧洲的第一批"中英式"园林之一。

图2-15

五、十九世纪后期的大工业发展

十九世纪后期，由于大工业的发展，许多资本主义国家的城市日益膨胀、人口集中，大城市开始出现居住条件明显两极分化的现象。劳动人民聚居的"贫民窟"环境污秽、嘈杂。即使在市政府设施完善的资产阶级住宅区也由于地价昂贵，经营宅园不易。资产阶级纷纷远离城市寻找清净的环境，加之以现代交通工具发达，百十里之遥朝发夕至。于是，在郊野地区兴建别墅园林成为一时风尚，十九世纪末到二十世纪是这类园林最为兴盛的时期。

当时的许多学者已经看到城市建筑过于稠密和拥挤所造成的后果，特别是终年居住在贫民窟里面的工人阶级迫切需要优美的园林环境作为生活的调剂。因此，在提出种种城市规划的理论和方案设想的同时也考虑到园林绿化的问题。其中霍华德倡导的"花园城"不仅是很有代表性的一种理论，而且在英国、美国都有若干实践的例子，但并未得到推广。至于其他形形色色的学说则大都是资本主义制度下不易实现的空想。另一方面，在资产阶级居住区却也相应出现了一些新的园林类型，比如伦敦的花园广场。

六、二十世纪的现代园林

第一次世界大战以后，造型艺术和建筑艺术中的各种现代流派迭兴，园林也受到它们的潜移默化。把现代艺术和现代建筑的构图规则运用于造园设计，好像靳诺特式园林之运用古典主义建筑的原则一样，从而形成一种新型风格的"现代园林"（见图2-16、2-17，法国拉维莱特公园）。这种园林的规划讲究自由布局和空间的穿

插、建筑、水、山和植物讲究体形、质地、色彩的抽象构图，并且还吸收了日本庭园的某些意匠和手法。现代园林随着现代建筑和造园技术的发达而风行于全世界，至今仍方兴未艾。

图2-16

图2-17

第三节 ///// 伊斯兰园林的发展历程

伊斯兰艺术是一种受宗教影响很大的艺术形式，超越民族、人种、地域、国界，具有广泛影响。它以阿拉伯半岛为中心，遍布亚非，波及欧洲，在全世界已经超过13亿伊斯兰教徒居住的地方，都可以看到这种特殊的艺术形式。凡是信奉"真主"，诵读《古兰经》的地域，都可以归划到这个艺术范围内。伊斯兰文化是随着伊斯兰教的扩张形成和发展起来的。6世纪末，穆罕默德打起了伊斯兰教的旗帜，一手高举《古兰经》，一手挥舞

战刀，在短短的几个世纪内建立起一个超过全盛期罗马帝国疆域的大帝国——阿拉伯帝国。所以说，阿拉伯人的崛起和伊斯兰教不可分开，阿拉伯园林通俗点说也可以算是伊斯兰园林。

伊斯兰园林通常面积较小，建筑封闭，十字形的林荫路构成中轴线，封闭建筑与特殊节水灌溉系统相结合，富有精美细密的建筑图案和装饰色彩将全园分割成四区。园林中心，十字形道路交汇点布设水池，象征天堂。园中沟渠明暗交替，遍布涌泉，又分出几何形小庭园，每个庭园的树木相同。彩色陶瓷马赛克图案在庭园装饰中广泛应用。伊斯

兰园林通常配有主要的总体结构，这在泰姬·玛哈尔陵园中显露无遗。伊斯兰园林比中国的道家园林和日本的禅宗园林都更加系统化，其内的凉亭、树木、植物和灌木都经过认真设置。这类园林通常会将一块场地划分为四个正方形，以代表源于神力的、由四部分组成的宇宙；中世纪药草园则更具有结构性，因其对于瘟疫盛行的欧洲民众而言，原本就是临时的避难天堂。

一、古波斯伊斯兰园林

随古希腊历史文化之后，萨拉森人在公元四至七世纪占领了波斯。波斯伊斯兰园林的主题来自古代美索不达米亚神话，即生命中有四条河流，它将场地分成四个更小的庭园。随着伊斯兰教进入波斯地域，波斯文化也不加区别地被伊斯兰所吸收。杰弗里·杰利科在《人类的景观》一书中写到，波斯伊斯兰园林吸取了两个相反的构想：一个是《古兰经》中的天堂，其中写到，伊甸园中，树荫底下，河水流淌；另一个是沉思和交谈的场所，在那里，人的身体和心灵都得以休息，思维从成见中解放。在建筑是天堂和尘世的统一物的构想影响下，便产生了一种新象征主义，在波斯伊斯兰园林中，常常可以看到穹顶建筑，通过它将方与圆相连。城市在发展、建筑、规划和景观设计也在进步。由国王沙赫阿拔斯规划设计的伊斯法罕（见图2-18）是萨非王朝的首

都，也是著名的园林城市。在干旱的沙漠上，它无异于一座花城，其规划布局也深受传统波斯风格的启发。金字塔般的雪松为庭园提供了荫凉，而其他树木则因其果实、花朵和芳香增添了庭园魅力。

二、西班牙伊斯兰园林

公元640年，阿拉伯帝国在攻占叙利亚之后，阿拉伯人向埃及进军。此后，他们便期盼着在西班牙扩展自己的宗教势力范围。公元711年，原在基督徒统治下的安大路西亚被摩尔人征服，这即是西班牙伊斯兰的开始。通过在科多巴和格兰纳达兴建大型宫殿和清真寺，摩尔人逐渐控制了南部西班牙。然而，到了1492年，费迪南德和伊莎贝拉将摩尔人驱逐出西班牙，摩尔人的领地也随之回到基督徒的手中。虽然基督徒们仍保留了许多摩尔人的建筑辉煌，他们也常常将那些建筑物转变成大教堂和私人宫殿。

公元1250—1319年，摩尔人在格兰纳达建造了阿尔罕布拉宫（见图2-19）和格内拉里弗伊斯兰园林。其中，具有重要意义的是阿尔罕布拉庭园：桃金娘中庭、狮庭和格内拉里弗的花园。桃金娘中庭是阿尔罕布拉宫最重要的综合体，也是外交和政治活动的中心。该中庭的主要特征是一反射水池。长长的水池反射出宫殿倒影，给人以漂浮宫殿之感。沿水池旁侧是两列桃金娘树篱，

图2-18

图2-19

中庭的名称即源于此。

三、中世纪的伊斯兰园林

伊斯兰园林样式在中世纪的发展受到波斯文化很大的影响，自从波斯7世纪初被阿拉伯人所灭，一种可称之为"波斯—阿拉伯式"的新样式由此产生。大量波斯文化的加入，以及其他被征服国比如叙利亚、北非的文化，使阿拉伯人迅速吸收了充足的营养，从而形成自己独特的造园风格。从古波斯时代开始就流行的花园样式是花圃陷在水渠和渠边道路的平面之下，这种风尚一直被伊斯兰园林传承，在后来的西班牙安达卢西亚尤其盛行。

伊斯兰的地毯和挂毯也是园林设计不可或缺的一部分。古亚述时代的地毯就有用金线、绢等绣制并用宝石和钻石等来装饰以表现王室庭园的图案。中世纪的波斯和后世伊斯兰帝国的庭园地毯沿用了这种风格。室内挂毯的效果跟古罗马的庭园壁画相当，波斯人还在挂毯上增加香味，让人们对庭园中那些真正散发出香味的奇花异草产生联想。中世纪伊斯兰地毯的图案一般也表现四分园林的图案，即十字形交叉的窄水渠将花园分为四部分，中央是喷泉。

四、印度伊斯兰园林

随着穆斯林军队的东征，17世纪，印度成为莫卧尔帝国所在地。莫卧尔王朝自称是印度规则式园林设计的导入者。莫卧尔帝国的领导人巴布尔带来了波斯风格的园林，建于1528年阿格拉、朱木拿河东岸的拉姆巴格园即是一例。莫卧尔园林和其他伊斯兰园林的一个重要区别在于不同植物的选择上。由于气候条件不同，伊斯兰园林通常如沙漠中的绿洲，因而具有多花的低矮植株；莫卧尔园林中则有多种较高大的植物，且较少开花的植物。

莫卧尔人在印度建造了两种类型的园林：其一是陵园，它们位于印度的平原上，通常建造于国王生前。当国王死后，其中心位置作为陵墓场址并向公众开放。陵园的最佳实例即是闻名世界的泰姬·玛哈尔陵（见图2-20）。其二是游乐园，这种庭园中的水体比陵园更多，且通常不似反射水池般呈静止状态。游乐园中的水景多采用跌水或喷泉的形式。游乐园也有阶地形式，如克什米尔的夏利马庭园即是莫卧尔游乐园的典型一例。

图2-20

在印度伊斯兰园林中，也有与印度模式相混合的伊斯兰几何形。例如，叶片图案在埃及象征着生命的起源，而在印度则是宇宙的符号。斯利那加的庭园位于达尔湖的东北部，竣工于1619年。该园呈阶地状，并分为三部分，一为妇女使用，一为国王使用，还有一处供公众使用。妇女的活动场所通常是隐蔽的，她们的庭园处于最上层，以提供最大私密性和最好的视野。1630年，沙贾汉在妇女庭园的中心增加了一个凉亭，成为建筑趣味中心。距夏利马庭园不远处是尼夏特巴格园，该园亦为阶地状，最初十二个层次，并有一条狭长的水渠联系着不同层面。尼夏特巴格园以其场地规划著称。在台地后方，可饱览壮观的群山风景。在轴线另一端则是一个湖泊。花园的场址非常理想，既便于观景，又与园外景致完美融合。受地域、气候条件及本土文化影响，伊斯兰园林大多呈现为独特的建筑中庭形式，也因此，在世界园林史上，伊斯兰传统园林可谓最为沉静而内敛的庭园。

第三章 景观设计的构成要素

一、本章重点》

1. 了解平面构成、色彩、空间形态在景观设计中的作用

2. 掌握平面构成中的各种要素的作用

3. 掌握色彩中的各种要素的作用

4. 掌握空间形态中的各种要素的作用

二、学习目标》

通过对本章的学习，能够熟练掌握平面构成、色彩、空间形态三个方面中各种要素的作用，能够将其运用到将来的景观设计之中。

三、建议学时》

5学时。

第三章　景观设计的构成要素

第一节////平面构成要素与景观设计

构成艺术是现代艺术中一种重要的艺术表现形式，在现代艺术及其设计领域中被广泛应用，尤其是对景观设计风格的形成具有重要的影响。作为现代艺术和设计学科的基础，构成的基础知识占据着重要的地位。现代的艺术成果，正在悄悄而重大地改变着我们的生活方式。构成艺术也深入景观设计之中，成为现代景观设计形式的重要特征。现代人的生活方式、价值取向、审美要求等，都需要更多设计手法的研究与充实来实现。所以，研究构成艺术理论与景观设计，挖掘构成艺术丰富景观设计的形式和方法，具有重要的意义。

景观设计是将景观要素从空间形式中抽取出来，按照一定的逻辑结构加以组织整理，从而形成景观形态。构成艺术与景观设计的关系表现在两个方面：第一，构成艺术为景观设计提供具有视觉张力的造型要素，即点、线、面等图形元素，景观设计借此来完成形象的塑造；第二，构成艺术为景观设计提供明晰的构成法则，即形式美法则，景观设计借此来完成空间序列的组织，简单地说就是使构成艺术为景观平面设计提供造型的基本要素和布局的基本规律，利用它可以使景观各要素的形态确定下来，进行有机组织，使之成为一个整体的过程。

作为概念性的要素，点、线、面和体是看不到的，只有在头脑中可以感知到。虽然这些要素实际上并不存在，但是我们能够感觉到它们的存在。在两条线的相交处，我们可以感知点的存在，一条线可以标示出平面的轮廓，平面可以围成一个体，并且这个体量构成了占据空间的实体。当这些要素在纸面上，或在三维空间中变成

可见元素时，它们就演变成具有内容、形状、规模、色彩和质感等特征的形式。

一、点

一个点，严格地说没有大小，但可以在空间标定位置。从概念上讲，它没有长、宽或深，因而它是静态的、集中性的，而且是无方向性的。因此，它可以用一些其他的手段来表达，如交叉线或填充的褐色圆圈。在景观设计中，小的或者远处的孤立物体都可以看作是点的一种表现形式。一块石头、一棵孤立的树、一个广场上的纪念碑、一座小房子等都是常见的点的例子。

尽管从概念上讲一个点没有形状或形体，当把它放在视野中时，便形成它的存在感。当它处于环境中心时，一个点是稳定的、静止的，以其自身来组织围绕它的诸要素，并且控制着它所处的范围（见图3-1）。但是，当这个点从中心偏移的时候，它所处的这个范围就会变得更为积极主动，并开始争夺在视觉上的控制地位。点和它所处的范围之间，造成了一种视觉上的紧张关系（见图3-2）。一个点没有维度，点在空间里或在地平面上如果要明显地标出位置，必须把点投影成一个垂直的线要素，如一根柱子、方尖碑或塔。应该注意，一个柱状要素，在平面上是被看作一个点的，因此保持着点的视觉特征。具有

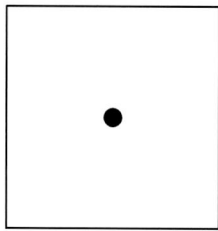

图3-1

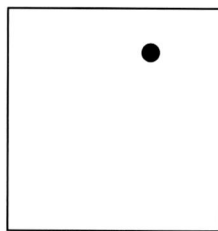

图3-2

点的视觉特征的派生形式是：圆、圆柱体、球体（见图3-3）。两点连起来是一条线。虽然两点使此线的长度有限，但此线也可以被认为是一条无限长轴上的一个线段（见图3-4）。

图3-3

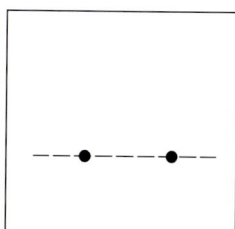
图3-4

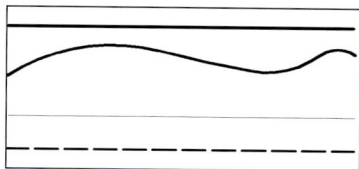
图3-7

二、线

尽管从理论上讲一条线只有一个维度，但它必须有一定的粗细才能看得见。它之所以被当成一条线，是因为其长度远远超过其宽度。一条线，不论是拉紧的还是放松的，粗壮的还是纤细的，流畅的还是参差的，它的特征都取决于我们对其长宽比、外轮廓及其连续程度的感知（见图3-5）。偏离水平或垂直的线为斜线。斜线可以看作是垂直线正在倾倒或水平线正在升起。不论是垂直线朝地上的一点倒下还是水平线向天空的某处升起，斜线都是动态的，是视觉上的活跃因素，因为它处于不平衡状态（见图3-6）。在尺度较小的情况下，线能够清楚地表明面的边界和体量的各表面。这些线可以表现为建筑材料之中或建筑材料之间的结合处、窗或门洞周围的框子，或者是梁和柱组成的结构网格。这些线式要素，对建筑表面质感的影响程度取决于它们的视觉分量、间距和方向（见图3-7）。

在景观中，线是大量的，而且非常重要。自然界的线存在于河流、天际线、地平线以及岩石地层中。田野的边界、道路等都是人造线的例子。作为描述所有权、使用权的边界线是长久以来最有意义的线。分划好的国境线有助于确定景观格局，这对整个国家的景观具有非常久远的影响。而我们在生活中常见的交通线——河流、铁路以及最常见而且改变我们生活的自然界的面貌最大的公路，也确立了区域局部的景观的格局。有时这些不同的线是和谐的，有时则互相交叉而容易引起紊乱和冲突（见图3-8）。而在景观环境中，在建筑或城市规划中，线可以是重要的定义性和控制性的要素，如房基线、视线以及屋顶线等都是这样的例子（见图3-9、图3-10，浦东新区天际线）。

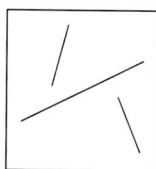
图3-5

图3-6

图3-8

图3-9

图3-10

三、面

两条平行线能够在视觉上确定一个平面。一块透明的空间薄膜能够在两条线之间伸展，从而使人们意识到两条线之间的视觉关系。这些线彼此之间离得越近，它们所表现的平面感也就越强（见图3-11）。从概念上讲，一个面有长度和宽度但没有深度。一个面的首要识别特征是形状。

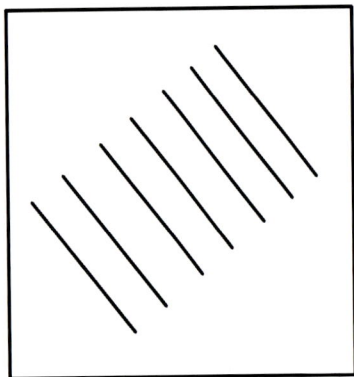
图3-11

它决定于形成面的边界的轮廓线。我们对于形状的感知会因为视错觉而失真，所以只有正对一个面的时候才会看到面的真实形状。在视觉艺术品的构成中，面起着限定容积界限的作用。如果作为视觉艺术的景观是专门用来处理体量与空间的三维形式问题的，那么在景观设计的语汇中，面就应该被看作一个关键的要素。一系列的平行线，通过不断重复，就会强化我们对于这些线所确定的平面的感知。当这些线沿着它们所确定的平面不断延伸时，原来暗示的面就变成了实际的面，原本存在于线之间的空白则转变成平面之间的间断（见图3-12）。

图3-12

在自然界很少有"完美"的平面。规则的、对称的水晶般的表面是十分罕见的。未扰动的、平静的池塘或湖泊表面就是接近完美的平面了（见图3-13）。

图3-13

其他平面还包括大地表面。对一些结构来说，大地表面可能扮演了地平面的角色。紧密成行的树可以形成垂直的平面，而高挑的树枝能形成一个屋顶平面。空间构架或棚架也能界定较透明的平面（见图3-14）。它们围合空间，从而创造了开敞的体。

图3-14

四、体

一个面沿着非自身方向延伸就变成体。从概念上讲，一个体具有三个量度：长度、宽度和深度。形式是体所具有的基本的、可以识别的特征。它是由面的形状和面之间的相互关系所决定的，这些面表示出体的界限（见图3-15）。

作为景观设计语汇中的三维要素，体既可以

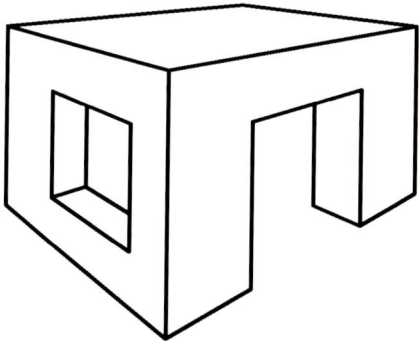

图3-15

是实体，即用体量替代空间；也可以是虚空，即由面所包容或围合的空间。开敞的体可以由开敞的空间结构所界定，它能以密实的平面为边界，形成空洞（见图3-16）。而在外部景观中，主要的围合要素可能是像地形一样的实体，在狭窄、幽深的山谷里形成开敞的体。树木和森林可以包含空间，并在树木之间或者在森林内部建立开敞的体，如在森林内部的小行车道、小开敞空间、砍伐区。在森林树冠下，伸展在头顶上的枝条、地面以及树干所隐喻的平面也可以创造一个体（见图3-17）。

图3-16

图3-17

五、位置

空间中的形状有三种基本位置关系：水平、垂直和倾斜。水平的物体一般认为其平行于地平线，而垂直的物体则垂直于地平线，即人的直立方向，而倾斜物体则介于两者之间。

　　这三种位置可以有很紧密的联系。水平的形状看起来稳定、静止、不活动、贴着地面。垂直的形式长期来一直用于表述或者表明与上天的关系（见图3-18，方尖碑）。垂直的概念还可以代表生长，如树干、植物的茎等。倾斜的概念创造出更动态的效果并可能显得不稳定（见图3-19，央视大楼）。

图3-18

图3-19

　　点可以放置在空间的中心、外部、向着一侧或碰到边缘（见图3-20）。每一种位置都建立一种关系，唤起一种感觉，或者是稳定、平衡，或者是力量、移动和紧张。在每一种情况下，产生的效果都影响着整个空间的关系。

　　线有强烈的单方向的感觉。根据它们的相

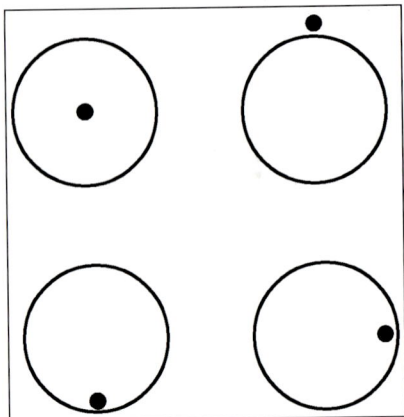

图3-20

对位置，能引起视觉上的紧张感。一堆交叉的线在空间中可以产生不同的效果，取决于它们的方向、是否相交、是否延伸到空间之外或留在空间内部。不同的位置可以加强或减弱围绕要素的视觉力量。平面可以跟随相互平行、互相倾斜或互成直角的两条主轴。互相倾斜和互成直角的位置可以彼此互锁或重叠（见图3-21）。

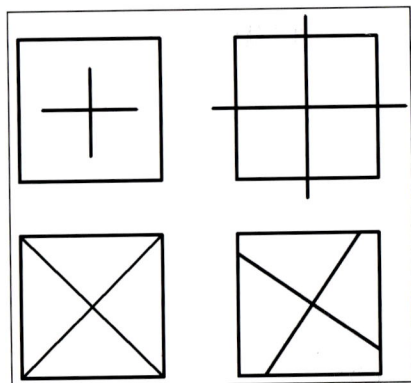

图3-21

　　在景观中，要素相对于地形的位置可以产生非常明显的作用，特别是在小山的顶部。部分原因是由于地形的视觉力量，也因为目光被吸引到山顶。山上高压电塔上划过天空的电力线产生视觉紧张，并与视觉上的力量相冲突。另一方面，雕塑或纪念碑如果不是正好在山顶，也会产生视觉紧张（见图3-22）。

图3-22

图3-24

六、数量

在设计中，单个要素可以独自存在，而且与其周围环境没有明显的关系。通过重复、相加或用其他方法增多，每个要素会与另一个发生视觉关系，这样就产生了某种空间效果（见图3-23，法国拉维莱特公园；图3-24，岐江公园）。通常，一种要素的数量越多，格局或设计就越复杂。

表达多个要素的方法可以各不相同。单个完整的形状可以重复而形成格局。反之，单个形状本身可以由一系列别的形状组成。初始形状的区域或部分可以重新分布而创建新的形状或格局。

作为单独要素出现的东西，在另一个规模上可能被看成是更大的整体的一部分，或者本身是由多个在远处不能识别的要素组成的。数量在有些方面是模糊不清的。一排由多个单元组成并排成阶梯状的房子可以作为单个形状出现。从一丛紧密生长的树中则可能看到同龄单树的形状和尺寸。

数量还可以包含比例和数列。在解决一个设计问题时，增加数量会导致复杂性（见图3-25）。在景观中布置单个建筑，与布置两个或多个建筑相比，是较简单的任务：建筑群的视觉关系、朝着建筑群看和从建筑群向外看的景色、安排通道和服务设施等会使设计更复杂。

图3-23

图3-25

七、方向

一个要素的位置可以由特定的方向决定。另外，它可能表现得不稳定，它可能隐喻着运动，这种运动几乎总是使人想到方向，例如上、下

（垂直）或从一侧到另一侧（水平）。要素的形状也可以加强方向感，特别是线或线性形状。

在景观设计中，像小径、道路这样的线经常产生方向感，引导游客注视它们（见图3-26）。当曲线在拐角处撩人地消失时更是这样。树丛的位置可以精确设计，把视线导向特别的形体。

自然要素可以因其形成或生长的方式显示方向。树木自然地向着光源生长，或者可以被风塑造。沙丘都有同样的朝向，并随着风的方向移动——这一点反映在它们的形状上。退潮时留下的海岸上的波痕反映着海浪的运动（见图3-27）。

图3-26

图3-27

八、尺寸

尺寸经常被认为是绝对的，但实际上它取决于定义它的测量系统。大的、高的或深的形状会使我们印象深刻，因为我们用自身的尺寸与之比较。它们看上去壮丽、雄伟或者令人敬畏。巨大红杉树的高和粗（见图3-28）、摩天大楼的高耸、哥特式教堂中间的高、大峡谷的深邃（见图3-29）都是例证。

图3-28

图3-29

大的尺寸也被统治者有意识地用于行使权力，因为它能显示在物质上和心理上的优势。城堡和堡垒的尺寸除了展示实力以外，还有威慑进攻者的作用。《圣经》中未建成的通天塔需要特别高才能通达天堂。

另一方面，小的东西虽然不会给人深刻印象，但仍有其自身的长处。"小即是美"赞美的是不占优势和笨拙的好处。多个小要素给人的视觉印象不如一个大的要素，例如许多小房子给人的印象就不如一栋高的大楼。

动物和植物的尺寸由自然力量或遗传因素决定。例如，昆虫主要受限于它们的呼吸系统而不能长得更大。树可能因为风吹或腐朽而停止生长。食物或营养缺乏可以阻碍它们达到最大的可能尺寸。

第二节 //// 色彩与景观设计

随着社会的快速发展，如今色彩在各个设计领域里，已成为设计师重点考虑的设计要素。色彩是视觉审美的重要对象，是最能引起视觉美感的因素，对景观欣赏有着最直接、最敏感的接触。就景观的色彩设计而言，它不同于建筑、服装、工业产品等的色彩设计，景观的色彩大多数来自植物的配置，大部分的园林景观中尤其是城市公园、绿地都是以绿色为基调色的，而建筑、小品、道路、水体等景观元素的色彩是作为点缀色出现的。但不管是以绿色为主，还是其他颜色为主，景观的色彩设计都要遵循色彩学的基本原理和色彩配置原则，运用色彩的对比调和法则，以创造出和谐、优美的色彩为目的。因此，研究色彩在景观中的应用，具有非常重要的意义。

一、色彩的基本要素

色彩是景观设计最基本的造型要素之一，它能赋予形体鲜明的特征。任何色彩都有色相、明度、纯度三个方面的性质，又称色彩的三要素。色彩三要素的组合搭配，使园林景观呈现绚丽多彩的世界，给人以不同的视觉、情调、心理、情感感受。

1.色相

色相是指色彩所呈现出来的质的面貌，是区别其他色彩种类的名称（见图3-30）。从光谱组成的角度来说，色相是由光的波长决定的。只要波长相同，色彩就是相同的。园林景观中的要素和植物的色相非常丰富，但并非色彩越多就越令人愉快。在设计中有单一色相设计、两种色相配合及三种色相配合等手法，三种以上的多色相设计应慎用。

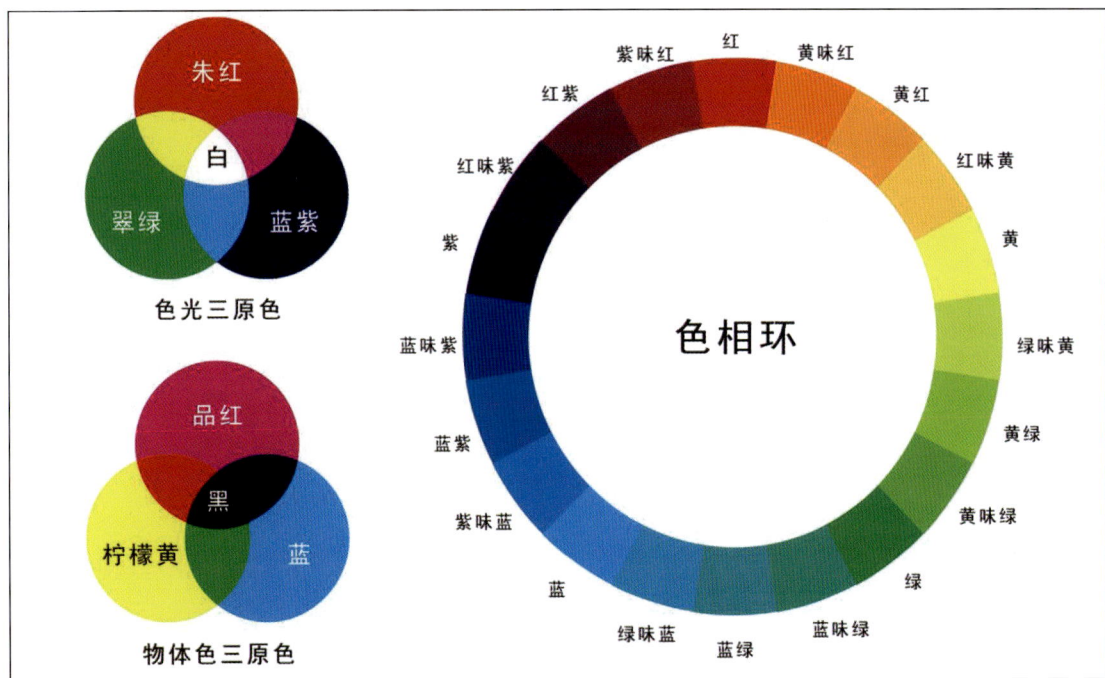

图3-30

2．明度

明度，即光度，指色彩的明暗或深浅程度（见图3-31）。园林景观设计中的色彩通常通过各种大小色块构成，色块则通过大小、明暗、浓淡等直接影响景观的实际效果。

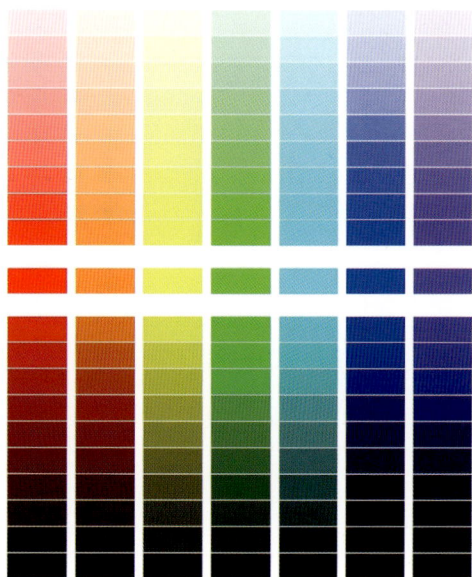

图3-31

3．纯度

纯度，即色彩的纯净程度、鲜艳程度，又称色彩的饱和度、彩度（见图3-32）。红色是纯度最高的色相，橙、黄、绿相对较高。蓝、紫最低。

图3-32

二、园林景观的色彩组成

1．自然色彩

自然色是指自然物质表现出来的颜色，在园林景观中植物、水体、土石、动物等颜色及蓝天白云，都属于自然色彩。

（1）植物

园林色彩主要来自于园林植物，植物的绿色是园林色彩的基色。植物是具有生命的活体，不同的植物具有不同的色彩，而且也会随着其生长阶段和季节的变化而改变它们的色彩，是城市景观创造动态色彩的最佳选择(见图3-33)。但植物配色要尽量避免一季一花、一季萧瑟、偏枯偏荣的现象，注意分层排列或自由混栽不同花期，或以木本、草本花卉配置，弥补各自不足，以达到"四季有花、三季有果、季季可赏"的景观色彩层次效果。

图3-33

（2）水体

自然景物中水是最为素淡、最有灵气的，水虽然是透明的无色体，但受光源色和环境色彩的影响而产生不同的色彩效果，不仅具有较强的光炫动感，还可以发挥点色和破色的作用（见图3-34）。园林中可通过水池、溪流、人造瀑布、喷泉等配上各色灯光对水体加以巧妙运用，营造出绚丽多姿的景观。

图3-34

（3）山石

具有金属色泽或形状的裸岩、山石，色彩种类很多，有灰白、肉红、青灰、棕黑、浅绿、润白、棕红、棕黄、褐红、土红等，它们都是复色，在色相、明度、纯度上与园林环境的基色——绿色都有不同程度的对比。比如岩石的色彩分为壮阔的咖啡色系、钢铁般坚硬的青黑色系、冷暖交融的青灰色和锈红色色组及柔和的姜黄、豆青、绿灰、灰茶色色组。这些低纯度、中明度的色彩伴着高大宽厚的岩石造型，呈现出雄伟强劲、刚毅不屈、成熟稳重的个性美感，园林景观中巧以利用，既醒目又协调（见图3-35）。

（4）土壤

图3-35

土壤的颜色较为复杂，有黑色、白色、红色、黄色、青色，不同土壤的颜色在这五种颜色中过渡。土壤在园林中一般都被植被、建筑所覆盖，仅有少部分裸露。裸露的土壤如土质园路、空地、树下等，也是构成园林色彩景观的组成部分（见图3-36）。

2.半自然色

图3-36

半自然色是经过人工加工过但不改变的各种石材、木材和金属的色彩，在园林景观中表现为人工加工过的各种石材、木材和金属的色彩。半自然色虽然经过人工加工，但表现的仍然是自然色的特征，另外，从色彩生理学的角度分析，自然色和半自然色是人们更为容易接受和感觉舒适的色彩。因为自然界天然物质的色彩在很多情况下，其表现不是单一的，而常常是由多种色相、明度和彩度的颜色组成，所以，在园林景观环境中，半自然色像自然色一样受到人们的欢迎和喜爱，各种材料之间的色彩容易取得协调，从而带给了人们美感。例如上海世博会中的澳大利亚馆，外墙是由特殊合金钢制成，随着世博会的开展，国家馆的外观颜色将会呈现出渐变效果：橙色逐渐由浅变深，最终变为浓重的红赭石色，令人联想到澳大利亚内陆的红土（见图3-37）。

图3-37

3.人工色

指人工装饰色彩，主要表现为园林景观中建筑物、构筑物、道路、广场、雕塑、园林小品、灯具、座椅等的色彩。这类色彩在园林中所占比重不大，但却举足轻重。

（1）建筑物

建筑物在园林景观设计要素中被称之为"眼睛"，作为园林景观中的一部分，只有将园林景观中主体建筑物的位置、造型和色彩三者结合在一起，才能对园林景观起到画龙点睛的作用，其中尤以色彩最令人瞩目。同时，建筑色彩的选择，还要利用色彩的共性、对比性、序列性、主次性等特性，使建筑色彩富有变化、各具特色（见图3-38，北京园博会，天津区）。

图3-38

（2）道路

道路作为园林景观廊道，具有步移景异的动态景观序列，是展示园林艺术魅力的通道。道路的色彩主要靠地面铺装来实现，一般用人造材料的较多，因此色彩的选择搭配也更为灵活和多样，但进行色彩搭配时，一定要注意园林景观元素的主次关系（见图3-39）。

图3-39

（3）园林小品

园林小品色彩主要包括标牌、指示牌(见图3-40)、电话亭、雕塑、招牌、座椅、灯柱、果皮箱等辅助设施的色彩，这些小品主要用于传达信息，但也是创造丰富园林景观色彩的良好素材。

图3-40

（4）灯光

灯光在夜晚除提供照明功能之外，还通过对园林景观中建筑物、构筑物、城市小品、草坪、树木及水体的照映，构建了千姿百态的光彩世界，集实用与美学功能于一体（见图3-41）。夜间的色彩主要通过人工灯光的形式表达出来，以黑色夜空作为背景，其色彩感比昼间强烈，因而能营造出丰富变幻的环境氛围。

图3-41

三、园林景观色彩应用的基本原则

色彩应用的基本原则从根本上讲是寻求关系平衡的统一和对比的矛盾共同体，在园林景观设计中，它主要包括两个基本方面：同一色相的变化与统一和不同色相的对比与调和。

1.同一色相的变化与统一

同一色相是色相环(参见图3-30，色相环)上色相距离15°角左右的色相。这种色相在视觉上色彩差别很小，因此可以营造整体统一、单纯、雅致、平静的色彩氛围，但有时容易造成单调、呆板的效果。正因为如此，同类色相的对比能在其他色相的对比当中起到缓冲对比的作用，在设计中宜用于大面积的背景处理或需要单一简洁色彩的景观。比如在道路景观设计中（见图3-42），绿色这一色相作为道路绿化带设计的主要基调，一方面可以缓解视觉疲劳，有利于司机安全驾驶；另一方面，绿色给人以生机盎然、充满希望的感觉。应用中使用具有色相变化的绿色植物，在草本植物中，如萱草的叶子是黄绿色，

天鹅绒则绿中带黄；木本植物中，落叶阔叶树中悬铃木为黄绿色，钻天杨则为深暗绿色，常绿阔叶树为有光泽的暗绿色。在搭配上，统一色相的应用，可以突出景观在重复出现中达到统一，其叶色不同绿色调的细微变化，在应用上各有作用，在构图上具有多层次的视觉效果。

图3-42

2.不同色相的对比与调和

如上所述，同一色相变化细微，大片反复使用容易造成单调感，因此不同色相的对比与调和，会让景观的色彩更丰富、更活跃，这也是园林景观色彩效果营造中最常用的一种配色手段。如在道路景观设计中，应用两种或多种植物色彩进行对比与调和，使人产生愉悦、舒适的色彩感觉。在停车场、广场等道路景观设计中，绿化带采用色叶对比强烈的花卉与树种将它们区别开来，以引人瞩目。再加之明度、纯度等差别运用，更可营造出各种各样的调和状态，配成既有统一又有起伏的优美园林景观。

四、园林景观色彩设计的注意事项

1.注意整体与局部的协调

对单独观赏对象的配色处理，不管任何情况，植物色彩设计都不能单独进行，需从整体色彩效果出发。在园林景观中，植物一般与其他景观要素一起出现，即和建筑、小品、铺装、水体

等景观元素一起出现，此时植物处于支配地位和次要地位两种情况都是正常的。还有一种情况就是植物大面积或小面积地作为单独观赏对象出现，都应处理好整体与局部的协调关系。

2.注意基本色的运用

在园林景观中，植物占据了相当的比重，不管任何季节，绿色都是常绿植物色彩中绝对的主角。所以在园林中不要随便干扰绿色基调，尤其是成片成块大面积布置植物材料时更要注意。当我们布置花坛时，绿色的叶由于明度较低而会作为"底"出现，纯度和明度较高的花朵作为"图"而跳了出来，这时，绿色的基调效果会有所减弱。

3.重视点缀色在景观色彩设计中的应用

绿色之外的各种色彩只能点缀在必要的地方，点缀色的方式有以下几种：

（1）成片涂抹

成片涂抹，即把各种植物当作颜料一样在绿色的背景上挥洒，这种情况一般会把花卉或花灌木作为色彩的载体，从明度上划分层次，营造空间效果。如在大片的草坪上，用一种花卉成片栽植，色彩统一、生态要求相同、便于管理、效果强烈、操作简单，但有时会感到单调，如花期一过全部需要更换或只留下叶色时毫无装饰效果。

（2）以少胜多

这是艺术上一再提到的手法，即在绿色基调上的合适部位适当点缀些对比色。在运用时，需要注意的是这个"少"是指面积相对的小，数量适当的少，两者根据实际情况加以考虑，还要在"必要的地方"，以起到画龙点睛的作用，同时注意比例问题，如太小容易被忽略。例如，在一片树林中有一座青铜人物雕像，形体加基座不过5米高，青铜的暗色不易被人发现，位置也不显要，如设计者在雕像的四周留出一片空地，便于游人瞻仰，然后在正面前方5米处的地方设一直径5米的圆花坛，当中种上红色的天竺葵、百日草、

一串红之类的植物，游人远看稀树林的亮点处一个引人注目的红点，前去一看果然有景可赏。

4.注意发挥背景在景观色彩设计中的效果

园林景观中任何一处景点或景物都不是孤立的，与其附近的景物都存在着相互的关系，其中前景和背景的关系最重要。一般是利用背景突出前景，背景色对园林景观色彩配置起着重要的作用。蓝天、白云、远山、大面积的水面均可以像天幕一样充当植物色彩的背景，这三种背景都属于灰色系，当配置植物为前景时明度较高的色调较合适。同时，还要考虑色彩的空间透视效果，园林景观中的一些垂直景物，如墙面、绿篱、栏杆等也会充当植物的背景。如当背景是暖色调时，在砖红色的墙根或屋角布置时，作为前景的植物色彩应是暖色调；当背景是暖色调时，前景应为冷色调。

园林景观中的色彩应用就是把园林景观中的天空、水体、山石、植物、建筑、小品、铺装等

图3-43

图3-44

色彩的物体载体进行组合，以达到理想的色彩配置效果。但在应用时，园林景观色彩设计是由多方面的因素决定的，既来自客观的自然因素的限制，又来自设计者主观因素的影响。想要总结其一般规律相对来说比较困难，但不管限制因素有多大，色彩应用的最终目的是使整体色彩和谐统一，实现视觉上的美感。因此，设计者一定要遵循色彩学的基本原理和色彩配置原则，注意配色时色调的统一协调、色彩空间的过渡、基本色与点缀色的色彩组合以及园林中小建筑的设色，最终创造出美的和谐的色彩关系，使人们获得更多的园林景观之美（见图3-43、图3-44）。

第三节////空间形态与景观设计

对人类来说，创造空间是对周围环境有意识的自然行为。在改造环境的过程中，景观把一些事物连接在一起，它们构成生机勃勃的空间，是精神飞跃的起点，这就是景观的内涵。景观期望创造空间，与建筑空间不同的是，景观空间没有顶、没有屋面。景观项目，比如花园、公园、庭院、街道等，它们的尺度与外观都是独立的，只有天空是统一的颜色。景观是在地面、垂直面及天空间创造空间。边界越弱，面的感受越突出。

人和空间有着密不可分的联系。空间的效果几乎不依赖于测量上的尺寸；实际上空间传达的自然的感觉——狭窄的还是宽广的，封闭的还是开放的，依赖于观察者与空间中构成边界的实体的距离及观察者眼睛和实体的高差。评价一个空间是否均衡的标准就是人和空间的比例。

一、空间形态的基本特征

1.空间的限定性

空间形态必须借助实体来限定才能形成，通过限定，把空虚变成视觉形象，才能从无限中构成有限，使无形化为有形。

2.空间内外通透性

空间形态的创造目的是为了满足人们的各种应用，例如居室的空间是为了居住的目的，容器的空间是为了容纳其他东西。各种不同的容纳方法都涉及空间内外流通，故空间必须具有内外的通透性。一个被封闭死了的空间，与外界没有联系，所以在视觉上只能算是一个实体，而不具有可以使用的空间。

3.空间可感知的内部性和外部性

由于空间具有内外的通透性，人们对空间的感知就有两种情况，即外部感知和进入内部的感知。进入内空间之前，可以看到空间形态的外表面的组合，体会不到内部空间气势变化的特点。这种情况与观察立体形态相同，主要运用视觉和触觉去感知。而对于内空间形态，则主要靠视觉和运动，可以完整地感受空间的变化气势，如高大宽敞的空间气势雄伟，有庄严、神圣之感，可用作会议厅等。而尺度适当的空间则相对亲切，有宁静、舒适之感，可用作居室等。

二、空间形态的形成方法

空间形态的形成是依靠实体的限定完成的，因此探讨空间形态的形成方法，即可转化为立体的限定方法。限定一个空间可以从两个方面来完成，一个是水平方向，另一个是垂直方向。

1.垂直方向的限定

（1）围合

围合是空间限定最典型的形式。围合造成空间的内外之分，一般来讲，内空间具有明确的使用功能，用来满足不同的需求。由于围合的包围强度不同，空间的形态特征也不尽相同。全包围限定度最强，形成的空间也比较封闭，从而具有强烈的包容感和居中感。人处于此类空间会感觉到安全，空间形态私密性强。当空间的尺度较大时，空间便具有庄严雄伟的特征。

当在全包围的侧面打开一个缺口时，开口处就形成了一个虚面，在虚面处可产生内外空间的流通和共融的趋势，造成向内空间的强烈吸引力，开口越大，流通性越强。

而当侧面打开两个开口时，空间形态具有指引性。若强调方向的轴线性，则空间形态的纪念感增强，当减弱轴线时，则空间形态显示活泼的特点。

多开口状态形成的空间具有强烈的内外空间的通透性，空间内部的居中感和安全感完全消失，而外空间则开始具有一定的聚合力。当开口越来越多、越来越大时，外部的聚合力越强，内

部的限定性越弱（见图3-45、图3-46）。

（2）设立

将物体设置在空间中，指明空间中的某一场所，从而限定其周围的局部空间，这种空间限定的形式称为设立。设立是空间限定最简单的形式。设立仅仅是视觉和心理上的限定，不能确定具体肯定的空间，因而设立所形成的空间没有明确的形状和尺度，空间的大小是由实体形态的力量、趋势、能量等因素决定的，而实体也往往具有标志性。因此，实际训练中，实体的形状、大小、色彩、肌理等方面的设计十分重要。

设立形成的空间具有强烈的聚合力，因此设立往往是一种中心的限定。如广场上的纪念碑能引导人们向此集中。而当设立的构件呈现横向延伸时，这种聚合力也会顺势产生导向的作用（见图3-47，越战纪念碑）。

图3-45

图3-47

2. 水平方向的限定

用水平方向构建限定空间的方法有覆盖、肌理变化、凹凸和架起。

（1）覆盖

是形成内部空间感的重要手段之一。覆盖使内部空间获得庇荫，因此在空间上、功能上和场所中都是一种重要的限定方式。建筑、构筑、植被、设施等都可以成为覆盖。覆盖与"灰空间"的产生有着重要关系。

（2）肌理变化

是指利用地面上的肌理变化来限定空间。

图3-46

这种限定是靠人的心理感受来完成的，空间的限定度极弱，因此这种限定几乎没有实用的界定功能，仅能起到抽象的空间提示作用。如应用不同的铺装材料来划分的空间，不能够严格区分空间的使用功能（见图3-48）。

图3-48

（3）凹与凸

凸是指将部分地面突出于周围的空间。凸起是一种常用的空间限定的方法，利用凸起限定的空间范围明确肯定，所限定的空间的形态特征也比较明朗活跃。运用高差产生凸起或下凹，通过改变地面的高差来完成限定，被限定的空间因而得以独立。下沉的空间往往具有较强的安全感，而不会过于引人注目；而"凸起"限定出来的空间则易成为视觉焦点。反之，凹是将部分地面低于周围的空间，通常凹与凸是景观设计中常用的处理方式（见图3-49）。

图3-49

（4）架起

是利用水平构件将空间纵向分割而架起的空间位于上部，凸起于周围的空间，同时在架起空间的下方形成一个覆盖形式的副空间。架起的空间限定范围明确肯定，实际操作时应注意架起空间与下方副空间的流通关系和连接关系（见图3-50，天津桥园）。

图3-50

三、空间形态的组织

空间的形成可以从以上的限定方法中得到，这些空间是独立的空间，而现实中完全独立的空间是不存在的，它总要和周围的空间一起发生作用，互相制约，相互协调。因此就涉及对多个空间单元进行组织编排的问题，即空间的组织。空间组织合理，使用时会感觉到方便，同时体现出空间设计的思想和意图。相反，空间组织不合理，则会给人以杂乱无章的感觉。

对多个空间进行组织编排，主要取决于两个方面，即各个空间单元各自体现的不同使用功能和空间的功能发生的前后次序。依照这两个方面的影响，对多个空间的组织可以形成以下几种空间序列形式。

1.并列空间

各个空间单元功能相同或者虽然功能不同却没有主次关系，则组织成并列空间的形式。如教学楼里的每间教室的功能基本相同，各个教室间形成并列空间的形式。

并列空间的各个空间单元的形式一般是近似的，相互之间没有主次关系，因此最方便的组合形式是利用骨格和基本形的关系。常见的骨格形式可以是线型、放射型、网格型和聚散型，将重复或近似的基本形纳入其中即可形成。

2. 序列空间

各个空间单元体现的功能有明确的前后次序，则组织成序列空间的形式。例如纪念性的空间、展览性和观赏浏览性的空间，等等。这类空间的组织必须要使人依一定的次序通过各个空间、通过这种次序关系的组织操作把人的活动有目的地依次连接起来，就像一个故事情节，从开始到发展再进入高潮，最后结束，体现出一个严谨而又完整的系列过程。

序列空间的空间单元组织不仅有序，而且应和创造的空间情态线索紧密连接起来，使人在整个过程中的心理变化与所塑造空间的情态气氛有机结合。如故宫的一系列空间从端门、午门、太和门到太和殿（见图3-51），一个个不同形状的广场空间形式营造出崇高威严、气势宏伟的空间氛围，人们通过这样的序列空间，心理随之产生共鸣。

图3-51

3. 主从空间

各个空间单元使用功能的重要性有明显的主次之分，则可以组织成主从空间。主从空间的形态关系是在比较中得到的，是相对的。如一系列园林空间中的主景所在的空间一般处于主要的位置，相对于其他空间即可形成主从空间。

实际操作中，一般主空间的处理详细，经过多次的限定才能达到要塑造的空间情态氛围，并且往往主空间尺度较大、位置居中。如北京天坛中的祈年殿所在空间，经过了两层围合、地面抬高、再围合等的限定手法，塑造了祈年殿周围庄严、神圣的空间情态氛围（见图3-52）。

图3-52

第四章 景观设计与相关理论

一、**本章重点** 》
1．了解景观设计与环境心理学
2．熟练运用景观设计中的形式美学
3．掌握景观设计的基本方法

二、**学习目标** 》
通过对本章的学习，能够在了解环境心理学的基础上，掌握景观设计的有关程序和方法，熟练运用形式美学进行景观设计。

三、**建议学时** 》
5学时。

第四章 景观设计与相关理论

第一节 景观设计与环境心理学

环境心理学研究的是人和环境的相互作用，在这个相互作用中，个体改变了环境，反过来说，他们的行为和经验也被环境所改变。环境心理学是设计人类行为和环境之间关系的一门科学，它包括那些以利用和促进此过程为目的并提升环境设计品质的研究和实践。对应这个定义，环境心理学有两个目标：一是了解"人—环境"的相互作用，二是利用这些知识来解决复杂和多样的环境问题。

在景观设计过程中，无论设计师是布置一座假山或是一个植物空间的布局，都存在诸多环境心理因素需要考虑，不仅要考虑它们的空间位置关系，还要考虑与它有关的人的关系，设计师应该通过一系列关系的设计来充分展示物体最吸引人的特征，从而控制人对物体的感知。

在长期的设计思考过程中景观设计师会形成这样一个经验，那就是设计的景观与人的联系往往比景观本身更为重要。以一棵树为线索，对人来说，一棵看不见的或者容易被忽略的树就等于不存在。更具体一点的，远处山坡上的一棵开花的观赏树对游人来说也只是某时某地的一个标记，当人们爬上山坡去接近那棵树，并看清楚开花的这是一棵合欢树，便开始产生丰富的联想：想去摘一朵花，闻一闻它的花香。

春天的午后，人们愿意在树下小憩片刻；盛夏的傍晚人们愿意在高大茂盛的树荫下乘凉，在低处树枝上给小孩系一个秋千或是做一次聚餐。于是，这棵树又有了新的内涵，树还是那棵树，但因为人们跟它的联系不同，所感受的就不同，不同人又有不同的感受。这就是环境心理学研究的内容：人与环境相互作用的关系，在这个作用中，人可以改变环境；反过来，人的行为和经验也被环境所改变。

人类需要怎样的生活环境？理想的住宅花园、公园绿地、校园景观应该是怎么样的?这些问题的答案都决定了景观设计未来的发展方向。下面我们就来分析一下，怎样的景观设计是令人满意的。

一、公共性

正如人类需要私密空间一样，有时人类也需要自由开阔的公共空间(见图4-1)。环境心理学家曾提出社会向心与社会离心的空间概念，景观中公共空间和私密空间的界定也是一个相对的概念。前者如城市广场、公园、居住区中心绿地等，广场上要设置冠荫树，公园草坪要尽量开放，草坪不能一览无余，要有遮阳避雨的地方，居住区绿地中的植物品种要尽量选择观赏价值较高的观叶、观花、观果植物等。这些设计思路都是倾向于使人相对聚集，促进人与人相互交往，并进而去寻求更丰富的信息。

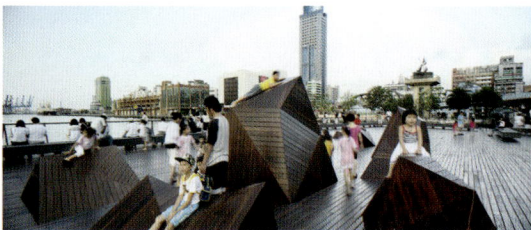
图4-1

二、私密性

私密性可以理解为个人对空间可以接近程度的选择性控制。人对私密空间的选择可以表现为一个人独处，希望按照自己的愿望支配自己的环境或几个人亲密相处不愿受他人干扰，或者反映个人在人群中不求闻达、隐姓埋名的倾向。在竞争激烈、匆匆忙忙的社会环境中，特别是在繁华的城市中，人类极其向往拥有一块远离喧嚣的清静之地。这种要求在家庭的庭院、花园里容易得到满足，而在大自然的绿地中也可以通过植物种植来达到要求（见图4-2）。

图4-2

景观设计中植物的运用是创造私密性空间的最好的自然要素，设计师考虑人对私密性的需要，并不一定就是设计一个完全闭合的空间，但在空间属性上要对空间有较为完整和明确的限定。一些布局合理的绿色屏障或是分散排列的树就可以提供私密，在植物营造的静谧空间中，人们可以读书、静坐、交谈、私语。

三、安全性

在个人化的空间环境中，人需要能够占有和控制一定的空间领域。心理学家认为，领域不仅提供相对的安全感与便于沟通的信息，还表明了占有者的身份与对所占领域的权利象征，所以领域性作为环境空间的属性之一，古已有之，无处不在。景观设计应该尊重人的这种个人空间，使人获得稳定感和安全感。如古人在家中围墙的内侧常常种植芭蕉，芭蕉无明显主干，树形舒展柔软，人不易攀爬上去，种在围墙边上，既增加了围墙的厚实感，又可防止小偷爬墙而入；又如私人庭院里常常运用绿色屏障与其他庭院分割，对

于家庭成员来说又起到暗示安全感的作用，通过绿色屏障实现了家庭各自区域的空间限制，从而使人获得了相关的领域性。

四、实用性

古代的庭院最初就是经济实用的果树园、草药园或菜圃。甚至在现今的许多私人庭园或别墅花园中仍可以看到硕果满园的风光，或者是有着田园气息的菜畦，更有懂得精致生活的人，自己动手园艺操作，在家中的小花园里种上芳香保健的草木花卉。其实无论在家中庭园还是外面的绿地，每一种绿地类型的植物功能都应该是多样化的，不仅有针对游赏、娱乐为目的的，而且还应有游人使用、参与以及生产防护功能的，参与使人获得满足感和充实感。

冠荫树下的树坛增加了座凳就能让人多得到休息的场所；草坪开放就可让人进入活动；设计花园和园艺设施，游人就可以动手参与园艺活动了；用灌木作为绿篱有多种功能，既可把大场地细分为小功能区和空间，又能挡风、降低噪音，隐藏不雅的景致，形成视觉控制，同时用低矮的观赏灌木，人们可以接近欣赏它们的形态、花、叶、果。

五、宜人性

在现代社会里，景观仅仅局限于经济实用功能是不够的，它还必须是美的、动人的、令人愉悦的，必须满足人的审美需求以及人们对美好事物热爱的心理需求。例如单株植物有它的形体美、色彩美、质地美、季相变化美等；丛植、群植的植物通过形状、线条、色彩、质地等要素的组合以及合理的尺度，加上不同绿地的背景元素（铺地、地形、建筑物、小品等）的搭配，既可美化环境，为景观设计增色，又能让人在未意识的审美感觉中调节情绪，陶冶情操。反之，抓住这些人的微妙的心理审美过程，又会对于怎样创造一个符合人内在需求的环境起到十分重要的作

用。

六、便捷性

虽然行为不完全由环境引起，但是环境对行为有一定的作用。行为与环境之间的关系可理解为反应与刺激的关系。在研究人们一般行为特征的基础上可设计出符合人们行为习惯的环境，这种环境便于管理、能避免可能发生的破坏性行为。

人们都希望保持较低的能量消耗水平，希望从起点到终点之间的距离越短越好。当这种希望十分强烈时便会产生破坏性的行为，例如常常见到绿篱和栏杆的缺口、草坪被踏出的一条条小径。因此，在设计中应能预见到有可能抄近路的路段并采取相应的措施。人们常常对当前的愿望和达到该愿望所需花费的代价进行权衡，当觉得

不值得时，这种愿望就会消失，因此，在设计中应尽量避免设置不利的挡拦。挡的强度应视地段的重要性、人流量的大小而定。也可以采用引导的方法，根据人流的流向将一些可能出现抄近路的地段直接用道路或铺装路面连接起来（见图4-3）。

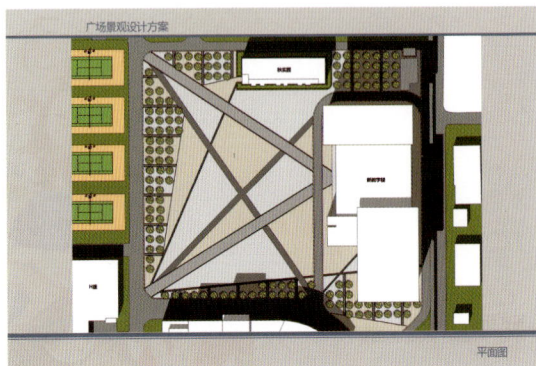

图4-3

第二节////景观设计与形式美学

城市景观风貌在今天已经有了显著的变化，人们的生活品位、审美情趣在不断提高，因此设计师们应该更加注重景观设计的艺术性。用景观设计的构成要素和构成法则，加之理性的分析方法，以设计、艺术、经济、综合功能这四个方面的关系为基础，用审美观、科学观进行反复比较，最后得出一种最优秀的设计方案，遵循形式美规律已经成为当今景观设计的一个主导性原则。探讨景观设计中形式美的规律对创造出最优化的人类景观系统有着不可或缺的作用。

形式美规律是带有普遍性、必然性和永恒性的法则，是一种内在的形式，是一切设计艺术的核心。在现代景观设计中，形式要素被推到了更为重要的位置，只有正确掌握了形式美感要素才能把复杂多变的设计语言整合到形式表现中去。如今的景观设计早已不同于狭义的"园林绿化"，设计师综合运用统一、均衡、节奏、韵律

等美学法则，以创造性的思维方式去发现和创造景观语言是我们最终的目的。

一、统一与变化

统一与变化又称和谐，是一切艺术形式美的基本规律。二者既相互对立又相互依存。统一意味着部分与部分及整体之间的和谐关系；变化则表明其间的差异。统一应该是整体的统一，变化应该是在统一的前提下的有秩序的变化，变化是局部的。过于统一易使整体单调乏味、缺乏表情，变化过多则易使整体杂乱无章、无法把握。

一个基本要素孤立存在于景观设计当中是很少见的，通常各个景观要素组合在一起形成"场所＋景观"，各要素的数量、位置、颜色、形状、线条、动静、质感及比例等，既要有一定的变化用来显示多样性，又要使它们之间保持一定相似性，有统一感，这样既生动活泼，又和谐统一。一个不和谐的要素会引起视觉紧张和视觉冲突，失去美感。过于繁杂则会让人心烦意乱，无

所适从，而平铺直叙，没有变化，又会显得过于单调呆板。景观作品的美感是从统一的整体效果中感受到的。因此，只有做到既多样又统一才能使景观达到和谐的境界。

二、节奏与韵律

节奏与韵律是音乐中的词汇。节奏是指音乐中音响节拍轻重缓急有规律的变化和重复，韵律是在节奏的基础上赋予一定的情感色彩。景观要素的节奏与韵律是通过体量大小的区分、空间虚实的交替、构件排列的疏密、长短的变化、曲柔刚直的穿插等变化的。如园林中的廊柱、粉墙上的连续漏窗（见图4-4）、道边等距栽植的树木都具有韵律节奏感。重复是获得节奏的重要手段，简单的重复单纯、平稳；复杂的、多层面的重复中各种节奏交织在一起，有起伏、动感、构图丰富，但应使各种节奏统一于整体节奏之中。

图4-4

同一种或同一组造型要素的连续反复或交替反复能够在视觉上造成一种具有动势的丰富的秩序视觉效果，给节奏带来了多样性，使其具有视觉感强烈的韵律美。在单一造型要素重复出现的情况下，可以通过插入截然不同的新形态来寻找突破，可以产生强烈冲击力的视觉效果。具体来说韵律可以分为以下三种类型。

1.简单韵律：简单韵律是由一种要素按一种或几种方式重复而产生的连续构图。简单韵律使用过多易使整个气氛单调乏味，有时可在简单重复基础上寻找一些变化，例如我国古典园林中墙面的开窗就是将形状不同、大小相似的空花窗等距排列，或将不同形状的花格拼成的、形状和大小均相同的漏花窗等距排列。

2.渐变韵律：渐变韵律是由连续重复的因素按一定规律有秩序地变化形成的，如长度或宽度依次增减，或角度有规律地变化（见图4-5）。

图4-5

3.交错韵律：交错韵律是一种或几种要素相互交织、穿插所形成的。

三、尺度与比例

比例是使构图中的部分与部分或整体之间产生联系的手段。比例与功能有一定的关系，在自然界或人工环境中，大凡具有良好功能的东西都具有良好的比例关系。例如人体、动物、树木、机械和建筑物等。不同比例的形体具有不同的形态情感。圣·奥古斯丁说："美是各部分的适当比例，再加一种悦目的颜色。"人们的空间行为是确定空间尺度的主要依据。任何物体，不论任何形状，必有三个方向，即长、宽、高的度量。比例就是研究三者之间的关系。任何景观设计，都要研究双重的三个关系，一是景物本身的三维空间；二是整体与局部。景观中的尺度，指景观空间中各个组成部分与具有一定自然尺度的物体的比较。功能、审美和环境特点决定景观设计的尺度。尺度可分为可变尺度和不可变尺度两种。不可变尺度是按一般人体的常规尺寸确定的尺度。可变尺度如建筑形体、雕像的大小、桥景的幅度等都要依照具体情况而定。景观设计中常应用的是夸张尺度，夸张尺度往往是将景物放大或缩小，以达到造园造景效果的需要。

四、对比与调和

对比是指造型要素之间显著的差异，调和是指保持差异的同时强调共性，一般来讲对比强调差异，而调和强调统一。对比与调和也就是美学上的"统一中求变化，变化中求统一"，这样才能获得高层次的审美。缺少对比变化会使人感到单调、缺乏美感，可是过分地强调对比变化就会失去景观的协调一致性，会给人造成视觉上的混乱。正确运用对比与调和可以使各种要素相辅相成，互相依托，活泼生动，而又不失完整。

在景观设计中常用对比的手法来突出主题或引人注目，可以突出主题，烘托气氛。我国造园艺术中的万绿丛中一点红就是对比手法的一种运用方法。西安盆景园中有一处大草坪，草坪上只有一株红枫，在绿色的草坪上红色的枫树枝条细柔斜出，使空间顿时明亮起来，二者形成鲜明的对比，也形成独特的意境，起到以小见大的作用。

在景观设计领域中，无论是整体还是局部，单体还是群体，在大与小、曲与直、虚与实、动与静，以及形状、色调、质地等要素中都要巧妙地结合。

五、对称与均衡

对称与均衡是一切设计艺术最为普遍的表现形式之一。对称构成的造型要素具有稳定感、庄重感和整齐的美感，对称属于规则式的均衡的范畴；均衡也称平衡，它不受中轴线和中心点的限制，没有对称的结构，但有对称的重心，主要是指自然式均衡。在设计中，均衡不等于均等，而是根据景观要素的材质、色彩、大小、数量等来判断视觉上的平衡，这种平衡给视觉带来的是和谐。对称与均衡是把无序的、复杂的形态组构成秩序性的、视觉均衡的形式美。

西方古典园林极其讲究对称和几何图形化，也就是规则式均衡，一般是指具有中轴线的几何格局，最有代表性的是巴黎的凡尔赛宫，整个布局以东西为轴，南北对称，以静感为主导，满足其追求排场或举行盛大宴会、舞会的需要。中国皇家园林故宫也是典型的对称格局（见图4-6）。对称常常给人一种严肃庄重的感觉，增加崇高的美感，但是对称由于过于完美而缺少变化，处理不好就会显得呆滞、单调，均衡则弥补了对称状态的单一化，使景观生动活泼富于变化，具有变化美。自然式均衡则常用于花园、公园、植物园、风景区等较自然的环境中。

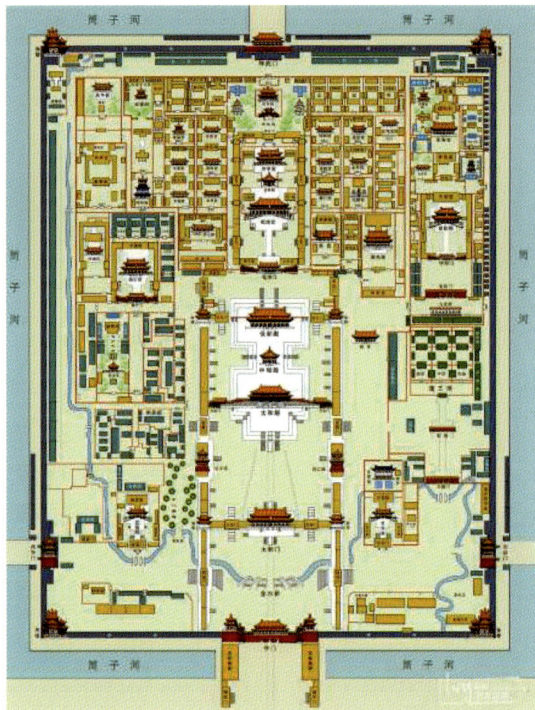

图4-6

六、主从与重点

每个整体都由若干要素组成，每个要素有自己不同的重要性和地位，总有主角和配角，如果每个景观要素都突出，即便排列整齐，很有秩序，也不能形成统一协调的整体，各种艺术创作中都有主与从的关系。

景观设计中，视觉中心是极其重要的，人所注意的范围一定要有一个中心点，这样才能造成主次分明的层次美感，在设计时就要有意识地突出这个视觉中心重点，使它明显地处于主要地位。近年来经常提到"趣味中心"这样一个词汇，也就是指整体中最引人注意的重点，这一部分重点可以打破全局的单调感，使景观整体有朝气，强调这个中心关系到能否让观看者的目光一下集中到景观的主题上来，但趣味中心有一个就足够了，如果没有，就会使人感到平淡无奇，如果太多，就会显得过于松散，从而整体的统一性就会荡然无存。

第三节 ////// 景观设计的基本方法

园林设计作为一门环境艺术，涉及面广、综合性强，既要考虑科学性，又要不失艺术性，处理好这些关系需要有一定的学识，这对初学者来说有一定的难度，但是，园林设计还是有一些方法可循的，下面就从构思立意、视线分析和方案比较等方面作些简要阐述。

一、注重构思立意

在一项设计中，方案构思往往占有举足轻重的地位，方案构思的优劣能决定整个设计的成败。好的设计在构思立意方面多有独到和巧妙之处。例如，扬州个园以石为构思线索，从春夏秋冬四季景色中寻求意境，结合画理"春山淡冶而如笑，夏山苍翠而欲滴，秋山明净而如妆，冬山惨淡而如睡"拾掇园林。由于构思立意不落俗套而能在众多优秀的古典宅第园林中占有一席之地（见图4-7）。结合画理，创造意境对讲究诗情画意的我国很多古典园林来说是一种较为常用的创作手法。但是，直接从大自然中汲取养分，获得设计素材和灵感也是提高方案构思能力、创造新的园林境界的方法之一。例如，美国著名的风景园林设计师劳伦斯·海尔普林同保尔·克利后的许多现代主义设计师一样，都以大自然作为

图4-7

设计构思的创作源泉。海尔普林在他的《笔记》一书中记录了对石块周围水的运动、石块块面、纹理和质感变化等自然现象及变化过程的观察结果，但在他的作品中既没有照搬，也没有刻意地去模仿，而是将这些自然现象及变化过程加以抽象，并且艺术地再现出来（见图4-8）。例如，波特兰市凯勒喷泉广场水景（见图4-9）的设计就成功、艺术地再现了水的流动过程。除此之外，对设计的构思立意还应善于发掘与设计有关的体裁或素材，并用联想、类比、隐喻等手法加以艺术地表现。例如，玛莎·舒沃兹设计的某研究中心的屋顶花园，就是巧妙地利用该研究中心从事基因研究的线索，将两种不同风格的园林形式融于一体，一半是法国规则式的整形树篱园，另一半为日本式的枯山水，它们分别代表着东西

图4-8

图4-9

图4-10

总之，提高设计构思的能力需要设计者在自身修养上多下功夫，除了本专业领域的知识外，还应注意诸如文学、美术、音乐等方面知识的积累，它们会潜移默化地影响着设计者的艺术观和审美观。另外，平时要善于观察和思考，学会评价和分析好的设计，从中吸取有益的东西。

二、视线分析

视线分析是园林设计中处理景物和空间关系的有力方法。

1.视域

人眼的视域为一不规则的圆锥形。双眼形成的复合视域称为中心眼视域，其范围向上为70°，向下为80°，左右各为60°，超出此范围时，色彩、形状的辨认力都将下降。头部不转动的情况下能看清景物的垂直视角为26°～30°，水平视角约为45°，凝视时的视角为1°。当站在一物体大小的3500倍视距处观看该物体时就难以看清楚了（见图4-11）。

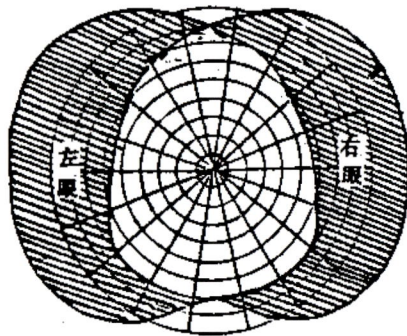
图4-11

方园林的基因，隐喻它们可通过像基因重组一样结合起来创造出新的形式，因此该屋顶花园又称之为拼合园（见图4-10）。

2.最佳视角与视距

为了获得较清晰的景物形象和相对完整的静态构图，应尽量使视角与视距处于最佳位置。通常垂直视角为26°～30°、水平视角为45°时观景较佳，维持这种视角的视距称为较佳视距（见图4-12）。

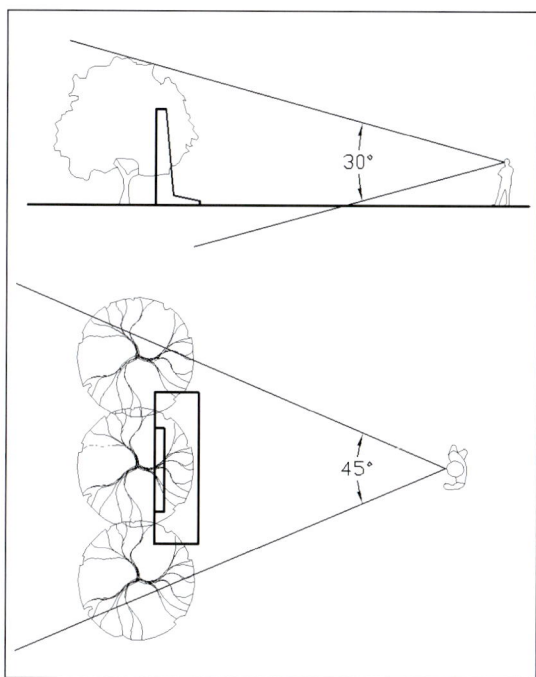

图4-12

图4-13

最佳视域可用来控制和分析空间的大小与尺度、确定景物的高度和选择观景点的位置。例如苏州网师园的水池及周围岸景的整个空间小巧而不局促，水池居中，亭廊轩榭依水而建，从月到风来亭观对面的射鸭廊、竹外一枝轩和黄石假山时，垂直视角约为30°、水平视角约为45°，均处在较佳的范围内，观赏效果较好（见图4-13）。用视线的方法可以分析景物的高度是否恰当。

3.确定各景之间的构图关系

当设计静态观赏景物时，可用视线法调整所安排的空间中的景物之间的关系，使前后、主衬各景之间相互协调，增加空间的层次感。

三、多方案比较

根据特定的基地条件和设置的内容多做些方案加以比较也是提高设计能力的一种方法。方案必须要有创造性，各个方案应各有特点和新意而不能雷同。由于解决问题的途径往往不止一条，不同的方案在处理某些问题上也各有独到之处，因此，应尽可能地在权衡多个方案构思的前提下定出最终的合理方案，该方案可以以某个方案为主，兼收其他方案之长；也可以将几个方案在处理不同方面的优点综合起来。

多做方案加以比较还能使设计者对某些设计问题做较深入的探讨。例如，美国现代主义园林开拓者之一、著名园林设计师盖瑞特·爱克堡早在学生时期就十分注重方案的研究。为了研究城市小庭园的设计，爱克堡在进深仅7.5米的基地上做了多个不同方案，以探索解决设计问题的多面性（见图4-14）。由于基地空间狭窄，整个庭园空间基本上没有分隔，着重考虑整体布局设计要素及其形式。方案a、d分别以大片台地草坪和下沉水池汀步为空间主要内容，以小水池、绿篱和平台等为辅助内容。方案b以45°斜线为平面构图依据，布置了规整的铺装、绿篱和种植坛，使得较小的空间在规整简洁中保持了相对丰富的视线与行走节奏。方案c也用斜线布置地面，弧形与渐转台级划分了大小不同的地面，地面与基地周边剩余空间用植物和小建筑点缀。方案a和c中还用到了一些建筑小品，既分隔了空间，视线上保持了连续，同时又丰富了庭园空间。从上述四个方案中可以看出，在当时西欧传统园林风格一统天下的情况下，设计师在设计语言和造型方面做了新的探索。这些探索启迪我们用形式语言去深入研究设计问题，这对设计方案能力的提高、方案构思的把握以及方案设计的进一步推敲和发展都十分有益。

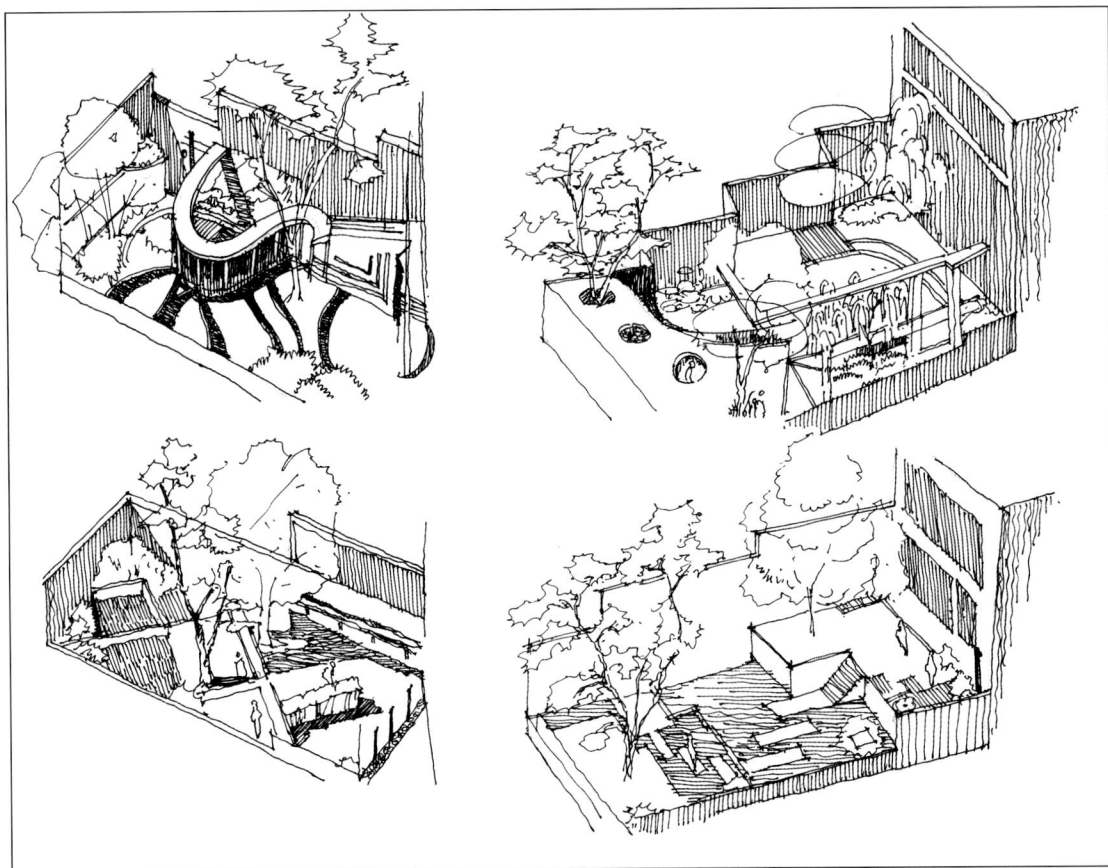

图4-14

第五章 景观设计元素与相关场地设计

本章重点 》

1. 熟练掌握地形、水景、植物、道路等景观设计元素。

2. 能够将地形、水景、植物、道路等景观设计元素运用到实际景观设计项目中。

学习目标 》

通过对本章的学习，提高基地利用的可行性；能够使场地中的各种要素与设计方案形成一个有机整体，使建设项目与基地周围环境有机结合，产生良好的环境效益。

建议学时 》

6学时。

第五章　景观设计元素与相关场地设计

　　构成景观设计实体的各种设计元素及相关的场地设计内容是一个景观设计师所必须掌握的知识。它们之间相辅相成，共同形成景观实体，构成景观空间。合理设计相关内容，提高基地利用的科学性，使场地中的各种要素与设计方案本身形成一个有机整体，以保证设计项目能够合理有序地进行使用，使其发挥应有的经济效益与社会作用。同时，使建设项目与基地周围环境有机结合，产生良好的环境效益。

第一节////地形

一、地形的功能作用

1.地形改造

　　在地形设计中首先是对原地形的利用。结合基地调查和分析的结果，合理安排各种坡度要求的内容，使之与基地地形条件相吻合，正如《园冶》所论："高方欲就亭台、低凹可开池沼"，利用现状地形稍加改造即成园景。地形设计的另一个任务就是进行地形改造，使改造后的基地地形条件既满足造景的需要，又满足各种活动和使用的需要，并形成良好的地表自然排水类型，避免过大的地表径流。若原地形中有过陡或大量地表侵蚀现象发生的地段也应进行改造。地形改造应与景观设计的总体布局同时进行，对地形在整体环境中所起的作用、最终所达到的效果应心中有数。地形改造都是有的放矢的，并且地形的微小改造并不意味着没有大幅度改造重要。

2.地形、排水和坡面稳定

　　地形可看作由许多复杂的坡面构成的多面体。地表的排水由坡面决定，在地形设计中应考虑地形与排水的关系，地形和排水对坡面稳定性的影响。地形过于平坦不利于排水，容易积涝，破坏土壤的稳定，对植物的生长、建筑和道路的基础都不利。因此应创造一定的地形起伏，合理安排分水线，保证地形具有较好的自然排水条件，既可以及时排除雨水，又可避免修筑过多的人工排水沟渠。但是，若地形起伏过大或坡度不大但同一坡度的坡面延伸过长时，则会引起地表径流、产生坡面滑坡。因此，地形起伏应适度，坡长应适中。

　　要确定需要处理和改造的坡面，需在勘察和分析原地形的基础上做出地形坡级、地形排水类型图，根据设计要求决定所采用的措施。当地形过陡、空间局促时可设挡土墙；较陡的地形可在坡顶设排水沟，在坡面上种植树木、覆盖地被物，布置一些有一定埋深的石块，若在地形谷线上，石块应交错排列。在设计中如能将这些措施和造景结合起来考虑就更佳了。例如，在有景可赏的地方可利用坡面设置坐憩、观望的台阶；将坡面平整后可做成主题或图案的模纹花坛或树篱坛，以获得较佳的视角；也可利用挡墙做成落水或水墙等水景，挡墙的墙面应充分利用起来，精

图5—1

图5-2

心设计成与设计主题有关的叙事浮雕、图案，或从视觉角度入手，利用墙面的质感、色彩和光影效果，丰富景观（见图5-1、图5-2）。

3.坡度

在地形设计中，地形坡度不仅关系到地表面的排水、坡面的稳定，还关系到人的活动、行走和车辆的行驶。一般来讲，坡度小于1°的地形易积水，地表面不稳定，不太适合于安排活动和使用的内容，但若稍加改造即可利用；坡度介于1°～5°的地形排水较理想，适合于安排绝大多数的内容，特别是需要大面积平坦地的内容，像停车场、运动场等，不需要改造地形，但是，当同一坡面过长时显得较单调，易形成地表径流，而且当土壤渗透性强时排水仍存在问题；坡度介于5°～10°之间的地形仅适合于安排用地范围不大的内容，但这类地形的排水条件很好，而且具有起伏感；坡度大于10°的地形只能局部小范围地加以利用。图5-3列出了极限和常用的坡度范围，供设计人员参考。

内容	极限坡度	常用坡度	内容	极限坡度	常用坡度
主要道路	0.5～10°	1～8°	停车荷地	0.5～8°	1～5°
次要道路	0.5～20°	1～12°	运动荷地	0.5～2°	0.5～1.5°
服务车道	0.5～15°	1～10°	游戏荷地	1～5°	2～3°
造道	0.5～12°	1～8°	平台和广场	0.5～3°	1～2°
入口道路	0.5～8°	1～4°	铺装明沟	0.25～100°	1～50°
步行坡道	≤12°	≤8°	自然排水沟	0.5～15°	2～10°
停车坡道	≤20°	≤15°	铺装坡面	≤50°	≤33°
台阶	25～50°	33～50°	种植坡面	≤100°	≤50°

图5-3

二、地形的骨架作用

地形是构成园林景观的基本骨架。建筑、植物、落水等景观常常都以地形作为依托。例如，北海濠濮间一组建筑就是依山而建的，并且曲尺形的爬山廊（见图5-4）使视线在水平和垂直方向上都有变化。整组建筑若随山形高低错落，则能丰富立面构图。若借助于地形的高差建造水瀑或跌水，则具有自然感。在意大利台地园中，自然起伏的地形十分利于建造动态的水景，兰台庄园的水台级就是利用自然起伏的地形建造的。

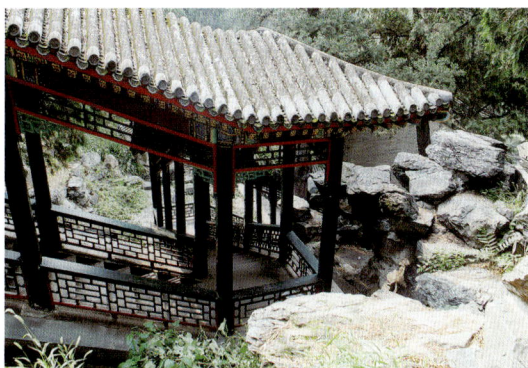
图5-4

三、地形和视线

地形的起伏不仅丰富了园林景观，而且还创造了不同的视线条件、形成了不同性格的空间。地形有凸地形和凹地形之分，它们在组织视线和创造空间上具有不同的作用。

1.凸地形和凹地形

若地形比周围环境的地形高，则视野开阔，具有延伸性，空间呈发散状，此类地形称凸地形。它一方面可组织成为观景之地，另一方面因地形高处的景物往往突出、明显，又可组织成为造景之地。例如，无锡锡惠公园的龙光塔（见图5-5）由于处于锡山之巅而成了全园许多景点中入画的景物，为该园明显的主题标志景观之一。另外，当高处的景物达到一定体量时还能产生一

图5-5

图5-6

种控制感。例如，颐和园万寿山山腰上的佛香阁（见图5-6）在广阔的昆明湖的衬托之下形成的控制感象征了所谓的至高无上的封建皇权。

若地形比周围环境的地形低，则视线通常较封闭，且封闭程度决定于凹地的绝对标高、脊线范围、坡面角、树木和建筑高度等，空间呈积聚性，此类地形称凹地形。凹地形的低凹处能聚集视线，可精心布置景物。凹地形坡面既可观景也可布置景物。

2.地形的挡与引

地形可用来阻挡视线、人的行为、冬季寒风和噪音等，但必须达到一定的体量。地形的挡与引应尽量利用现状地形，若现状地形不具备这种条件则需权衡经济和造景的重要性后采取措施。引导视线离不开阻挡，阻挡和引导既可是自然

的，也可是强加的。

3.地形高差和视线

若地形具有一定的高差则能起到阻挡视线和分隔空间的作用。在设计中如能使被分隔的空间产生对比或通过视线的屏蔽，安排令人意想不到的景观，就能够达到一定的艺术效果。对于过渡段的地形高差，若能合理安排视线的挡引和景物的藏露，也能创造出有意义的过渡地形空间。

4.利用地形分隔空间

利用地形可以有效地、自然地划分空间，使之形成不同功能或景色特点的区域。在此基础上若再借助于植物则能增加划分的效果和气势。利用地形划分空间应从功能、现状地形条件和造景几方面考虑，它不仅是分隔空间的手段，而且还能获得空间大小对比的艺术效果。

5.地形的背景作用

凸、凹地形的坡面均可作为景物的背景，但应处理好地形与景物和视距之间的关系，尽量通过视距的控制保证景物和作为背景的地形之间有较好的构图关系。

四、地形造景

地形不仅始终参与造景，而且在造景中起着决定性的作用。虽然地形始终在造景中起着骨架作用，但是地形本身的造景作用并不突出，常常处在基底和配景的位置上。为了充分发挥地形本身的造景作用，可将构成地形的地面作为一种设计造型要素。地形造景强调的是地形本身的景观作用。在利用地形本身造景方面，法国风景园林设计师雅克·西蒙提出的一些设想颇有新意，他用点状地形加强场所感、用线状地形创造连绵的空间，在一些小的场合下也能充分利用地形的起伏和变化。

若将地形做成诸如圆（棱）锥、圆（棱）

台、半圆环体等规则的几何形体或相对自然的曲面体也能形成别具一格的视觉形象。例如美国艺术家查尔斯·贾克斯设计的丘比特大地艺术园（见图5-7），主题为"生命细胞"。在这个设计中，设计师将地形设计成逐级向上的圆锥台地形态，8块不同的地形彼此有长堤连接，这样游客们可以驾车穿越整个场地。该景观的灵感源自生物细胞的分裂过程，尤其是有丝分裂。游客们可以根据两种不同的地貌来区分细胞膜和细胞核之间的关系。

图5-7

第二节 //// 水景

水是景观设计中的一个重要的主题。为满足人们赏水、亲水的需要，目前从住宅小区到城市广场的环境设计都在加大水体、水景的应用，涌现出了大批亲水住宅和喷泉广场。好的水景设计，是城市当中一道亮丽的风景线，直接影响着整个城市的空间效果和设计品位，成为城市景观中一个不可或缺的部分。水的表现力如此丰富，以至于在人类的历史中，它很早就被应用于美化生活和环境。无论是我国的古典园林还是日本的枯山水庭院以及西方的园林景观，水都是这些主题中的重要元素之一。

我国的城市水景设计在近些年取得了很大的进步，水的造型能力及应用已是传统古典园林所无法比拟的，水景开始强调人的参与性，最大程度地满足人们对水亲近的心理。无论是静态的水还是动态的水，水的存在能够赋予环境以灵性和活力，使景色倍增。另外水景还带给人以愉悦和清凉，也有着增加空气湿度、减少浮尘和净化空气的作用。

东西方园林都极重视水的利用和水景的创造，但其处理手法不同，主要是东西方文化渊源不同所致。总体上讲，东方重视意境，手法自然。例如，我国古典园林就要求具有"虽由人作、宛自天开"的效果，因此，水要以"环湾见长"，越幽越深越有不尽之意，这与英国自然式风景园中的水面单纯追求自然野趣、如画的风景是有着很大的差别的。西方偏重视觉、讲究格局和气势，处处显露着人工造景的痕迹。

一、水的形式和特性

1.水的形式

自然界中有江河、湖泊、瀑布、溪流和涌泉等自然水景。园林水景设计既要师法自然，又要不断创新。水景设计中的水有平静的、流动的、跌落的和喷涌的四种基本形式。设计中往往不止使用一种，可以以一种形式为主，其他形式为辅，也可以几种形式相结合。

图5-8

图5-9

图5-10

图5-11

水的四种基本形式还反映了水从源头（喷涌的）到过渡（流动的或跌落的）、最后到终结（平静的）运动的一般趋势（见图5-8~图5-11）。在水景设计中可利用这种运动过程创造水景系列，融不同水的形式于一体，处理得体则会有一气呵成之感。

2.水的特性

水景设计不能孤立地考虑，应充分利用水的各种特性，综合考虑。例如可利用水的下面一些特性：①水本身透明无色，但水流经水坡、水台阶或水墙的表面时，这些构筑物饰面材料的颜色会随着水层的厚度而变化；②宁静的水面具有一定的倒影能力，水面会呈现出环境的色彩，倒影的能力与水深、水底和壁岸的颜色深浅有关；③急速流动的、喷涌的水因混入空气而呈现白沫，例如混气式喷泉喷出的水柱就富含泡沫；④当水面波动时，或因水面流淌受阻不均匀而产生湍流时，水面会扭曲倒影或水底面图案的形状，等等。另外，在设计水坡或水墙时，除了色彩外，还要考虑坡面和墙面的质感，表面光滑的质感细，水层清澈；表面粗糙的则水面会激起一层薄薄的细碎白沫层（与坡面的倾角有关）。若在坡面上设计几何图案浮雕，则水层与坡面凸出的图案相激会产生很好的视觉效果。水池的池底可用深色的饰面材料增加倒影的效果，也可用质感独特的铺面材料做成图案。

二、水的尺度和比例

水面的大小与周围环境景观的比例关系是水景设计中需要慎重考虑的内容，除自然形成的或已具规模的水面外，一般应加以控制。过大的水面散漫、不紧凑，难以组织，而且浪费用地；过小的水面局促，难以形成气氛。水面的大小是相对的，同样大小的水面在不同环境中所产生的效果可能完全不同。例如，苏州的怡园和艺圃两处古典宅第园林中的水面大小相差无几，但艺圃的水面显得过于开阔和空透，与网师园的水面相比，怡园的水面虽然面积要大出约三分之一，但是，大而不见其广，长而不见其深，相反，网师园的水面反而显得空旷幽深（见图5-12、5-13）。把握设计中水的尺度需要仔细地推敲所采用的水景设计形式、表现主题、周围的环境景

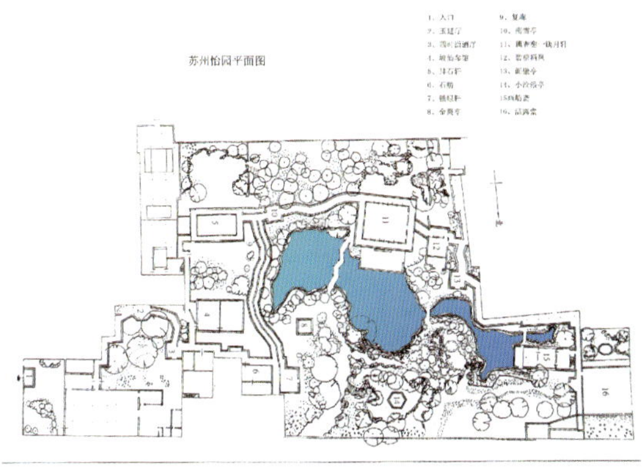

图5-12

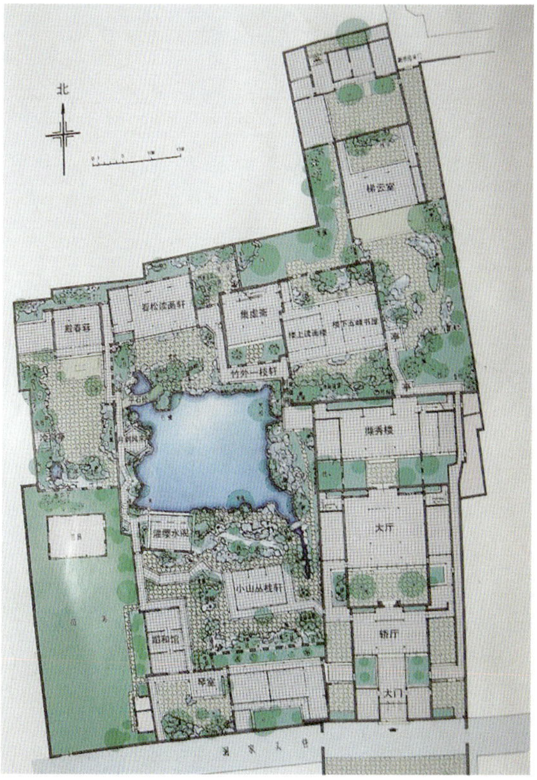

图5-13

观。小尺度的水面较亲切怡人，适合于宁静、不大的空间，例如庭院、花园、城市小公共空间；尺度较大的水面浩瀚缥缈，适合大面积自然风景、城市公园和巨大的城市空间或广场。无论是大尺度的水面，还是小尺度的水面，关键在于掌握空间中水与环境的比例关系。例如，美国基督教科学总部（见图5-14）的水面，长约200米，

宽约20米，对城市空间而言，其尺度无论如何都是十分巨大的，水池的一端还设计了直径约20米的大型圆形组合喷泉，但是，这组水景却与四周摩天楼群有着朴素、相称的构图关系，浩瀚的水面在这样巨大的城市空间之中仍然保持着良好的比例关系。相反，苏州网师园水面的大小不过350平方米，但它与环绕的月到风来亭、竹外一枝轩、射鸭廊和濯缨水阁等一组建筑物却保持着和谐的比例，堪称小尺度水面的典型例子。

图5-14

三、水的几种造景手法

1.基底作用

大面积的水面视域开阔、坦荡，有衬托湖岸和水中景观的基底作用。虽然水面不大，但水面在整个空间中仍具有面的感觉时，水面仍可作为湖岸或水中景物的基底，产生倒影，扩大和丰富空间。例如，西班牙阿尔罕布拉宫中的柘榴院（见图5-15），院中宁静的水面使城堡丰富的立

图5-15

面更加完整和动人，如果没有这片简洁的水面，则整个空间的质量就要逊色得多。

2.系带作用

水面具有将不同的园林空间、景点连接起来产生整体感的作用；将水作为一种关联因素又具有使散落的景点统一起来的作用，前者称为线型系带作用，后者称为面型系带作用。例如，扬州瘦西湖的带状水面（见图5—16）延绵数千米，一直可达平山堂。在公园范围内，众多的景点或依水而建，或伸向湖面，或几面环水，整个水面和两侧景点好像一条翡翠项链。同样，从桂林到阳朔，漓江将两岸奇丽的景色贯穿起来，这也是线型系带作用的例子。

图5—16

当众零散的景点均以水面为构图要素时，水面就会起到统一的作用。例如，在苏州拙政园中，众多的景点均以水面为底（见图5—17），其中许多建筑的题名都反映了与水面的关系，如海

图5—17

棠春坞、倒影楼、塔影亭、荷风四面亭、香洲、小沧浪、远香堂等名称中的坞、倒影、塔影、荷、洲、沧浪、远香（即荷花）都与水有着不可分割的联系，只不过有的直接、有的间接而已。另外，有的设计并没有大的水面，而只是在不同的空间中重复安排水这一主题，以加强各空间之间的联系。

水还具有将不同平面形状和大小的水面统一在一个整体之中的能力。无论是动态的水还是静态的水，当其经过不同形状和大小的、位置错落的容器时，由于它们都含有水这一共同而又唯一的因素而产生了整体的统一。

3.焦点作用

喷涌的喷泉、跌落的瀑布等动态形式的水的形态和声响能引起人们的注意，吸引住人们的视线。在设计中除了处理好它们与环境的尺度和比例的关系外，还应考虑它们所处的位置。通常将水景安排在向心空间的焦点上、轴线的交点上、空间的醒目处或视线容易集中的地方，使其突出并成为焦点。可以作为焦点水景布置的水景设计形式有：喷泉、瀑布、水帘、水墙、壁泉等。

4.整体水环境设计

美国60年代的城市公共空间建设中出现了一种以水景贯穿整个设计环境，将各种水景形式融于一体的水景设计手法。它与以往所采用的水景

图5—18

设计手法不同，这种以整体水环境出发的设计手法将形与色、动与静、秩序与自由、限定和引导等水的特性和作用发挥得淋漓尽致，并且开创了一种能融改善城市小气候、丰富城市街景和提供多种目的与使用于一体的水景类型。最为著名的是劳伦斯·海尔普林事务所设计的美国波特兰市大会堂前广场的水景，该水景堪称美国至今所建成的水景中最为精彩、别具匠心的杰作。除此之外，波特兰的拉夫乔伊广场水景（见图5-18）、明尼波里斯的皮维广场水景等也都是整体水环境设计的典型例子。

第三节//// 植物

植物是园林要素的重要组成部分，而且作为唯一具有生命力特征的园林要素，能使园林空间体现生命的活力，富于四时的变化。植物景观设计，即要以植物材料为主体进行园林景观建设，运用乔木、灌木、藤本植物以及草本等素材，通过艺术手法，结合考虑各种生态因子的作用，充分发挥植物本身的形体、线条、色彩等自然美，来创造出与周围环境相适宜、相协调，并表达一定意境或具有一定功能的艺术空间，供人们观赏。但是，植物景观设计概念的提出是有其时代背景的。随着生态园林建设的深入和发展以及景观生态学、全球生态学等多学科的引入，植物景观设计的内涵也在不断扩展，现代的植物景观设计概念不但包括视觉艺术效果的景观，还包含生态上的和文化上的景观，甚至更深更广的含义。

一、种植设计的形式

1.规则式种植

在西方规则式园林中，植物常被用来组成或渲染加强规整图案（见图5-19）。例如，古罗马时期盛行的灌木修剪艺术就使规则式的种植设计成为建筑设计的一部分。在规则式种植设计中，乔木成行成列地排列，有时还刻意修剪成各种几何形体，甚至动物或人的形象；灌木等距直线种植，或修剪成绿篱饰边，或修剪成规整的图案作为大面积平坦地的构图要素。例如，在法国著名

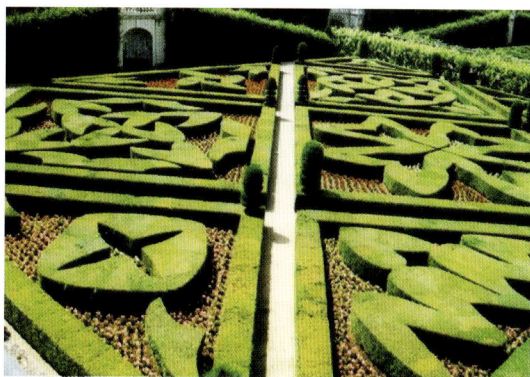

图5-19

园林设计师勒·诺特尔1661年设计的凡尔赛宫苑中就大量使用了排列整齐、经过修剪的常绿树。如毯的草坪以及黄杨等慢生灌木修剪而成的复杂、精美的图案。这种规则式的种植形式，正如勒·诺特尔自己所说的那样，是"强迫自然接受匀称的法则"。

随着社会、经济和技术的发展，这种刻意追求形体统一、错综复杂的图案装饰效果的规则式种植方式已显得陈旧和落后了，尤其是需要花费大量劳力和资金养护的整形修剪种植更不值得提倡。但是，在园林设计中，规则式种植作为一种设计形式仍是不可缺少的，只是需赋予新的含义，避免过多的整形修剪。例如，在许多人工化的、规整的城市空间中规则式种植就十分合宜。而稍加修剪的规整图案对提高城市街景质量、丰富城市景观也不无裨益。

2.英国风景园中的自然式栽植

18世纪英国形成了与法、意规则式园林风格

迥异的自然式风景园(见图5-20,英国帕拉蒂奥湖畔的斯托海德风景园)。园中的种植很简单,通常只用有限的几种树木组成疏林或林带,草坪和落叶乔木是园中的主体,有时也采用雪松和橡树等常绿树。例如,在布朗设计的园中,树群常常仅由一两种树种(如桦木、栎类或松树等)组成。18世纪末到19世纪初,英国的许多植物园从其他国家,尤其是北美引进了大量的外来植物,这为种植设计提供了极丰富的素材。以落叶树占主导的园景也因为冷杉、松树和云杉等常绿树种的栽种而改变了以往冬季单调萧条的景象。尽管如此,这种形式的种植仅靠起伏的地形、空阔的水面和溪流还是难以逃脱单调和乏味的局面。美国早期的公园建设深受这种设计形式的影响。南·弗尔布拉塞将这种种植形式称为公园——庭园式的种植,并认为真正的自然植被应该层次丰富,若仅仅将植被划分为乔灌木和地被或像英国风景园中只采用草坪和树木两层的种植都不是真正的自然式种植。

图5-20

3.自然式种植

19世纪后期生态学的兴起为种植设计奠定了科学的基础。人们从自然中发掘植物构成类型,将一些植物种类科学地组成一个群体。这与将植物作为装饰或雕塑手段为主的规则式种植方法有很大的差别。例如,19世纪英国的威廉·罗宾逊、戈特路德、吉基尔和雷基纳德·法雷等以自然群落结构和视觉效果为依据,对野生林地园、草本花境和高山植物园进行了尝试性的种植设计,这对自然式种植方式有一定的影响和推动。在19世纪后期美国的詹士·詹森提出了以自然的生态学方法来代替以往单纯从视觉出发的设计方法。他1886年就开始在自己的设计中运用乡土植物,1904年之后的一些作品就明显地具有中西部草原自然风景的模式。19世纪德国的浮士特·鲍克勒也按自然群落的结构,采用不同年龄的树种设计了一批著名的公园。

自然式种植注重植物本身的特性和特点,植物间或植物与环境间生态和视觉上关系的和谐,体现了生态设计的基本思想。生态设计是一种取代有限制的、人工的、不经济的传统设计的新途径,其目的就是要创造更自然的景观,提倡用种群多样、结构复杂和竞争自由的植被类型(见图5-21)。例如,20世纪60年代末,日本横滨国立大学的宫胁昭教授提出的用生态学原理进行种植设计的方法就是将所选择的乡土树种幼苗按自然群落结构密植于近似天然森林土壤的种植带上,利用种群间的自然竞争,保留优势种,两三年内可郁闭,10年后便可成林,这种种植方式管理粗放,形成的植物群落具有一定的稳定性。

图5-21

二、植物的作用

1.改善小气候和保持水土

种植植物材料是创造较舒适的小气候最有

力、最经济的手段。落叶乔木夏季的浓荫能遮挡阳光，冬季的枝干又能透射阳光。植物表面水分的蒸发能控制过热的温度、增加空气湿度。植物可以用来挡住冬季的寒风，作为风道又可以引导夏季的主导风。另外，植物的根系、地被等低矮植物可作为护坡的自然材料，减少土壤流失和沉积。在自然排水沟、山谷线、水流两侧若种植些耐水湿的植物，则能稳定岸带和边坡。

2.主景、背景和季节景色

植物材料可作主景，并能创造出各种主题的植物景观。但作为主景的植物景观要有相对稳定的形象，不能偏枯偏荣。植物材料还可作背景，但应根据前景的尺度、形式、质感和色彩等决定背景植物材料的高度、宽度、种类和栽植密度以保证前后景之间既有整体感又有一定的对比和衬托，背景植物材料一般不宜用花色艳丽、叶色变化大的种类。季相景色是植物材料随季节变化而产生的暂时性景色，具有周期性，如春花秋叶便是园中很常见的季相景色主题。由于季相景色较短暂，并且是突发性的，形成的景观不稳定，如日本樱花盛开时花色烂漫、人流熙熙攘攘，但花谢后景色也极平常。因此，通常不宜单独将季相景色作为园景中的主景。为了加强季相景色的效果应成片成丛地种植，同时也应安排一定的辅助观赏空间避免人流过分拥挤，处理好季相景色与背景或衬景的关系。

3.植物材料和视线安排

利用植物材料创造一定的视线条件可增强空间感、提高视觉和空间序列质量。安排视线不外乎两种情况，即引导与遮挡。视线的引与挡实际上又可看景物的藏与露。根据视线被挡的程度和方式可分为全部遮挡、漏景、部分遮挡及框景几种情况。

（1）全部遮挡

全部遮挡一方面可以挡住不佳的景色，另一方面可以挡住暂时不希望被看到的景物内容以控制和安排视线。为了完全封闭住视线，应使用枝叶稠密的灌木和小乔木分层遮挡。

（2）漏景

稀疏的枝叶、较密的枝干能形成面，使其后的景物隐约可见，这种相对均匀的遮挡产生的漏景若处理得好便能获得一定的神秘感，因此，可组织到整体的空间构图或序列中去。

（3）部分遮挡及框景

部分遮挡的手法最丰富，可以用来挡住不佳部分，吸收较佳部分。若将园外的景物用植物遮挡加以取舍后借景到园内则可扩大视域；若使用框景的手段有效地将人们的视线吸引到较优美的景色上来，则可获得较佳的构图。框景宜用于静态观赏，但应安排好观赏视距，使框与景有较适合的关系，只有这样才能获得好的构图。另外，也可以通过引导视线、开辟透景线、加强焦点作用来安排对景和借景。总之，若将视线的收与放、引与挡合理地安排到空间构图中去，就能创造出有一定艺术感染力的空间序列。

将植物材料组织起来可形成不同的空间。例如，形成围合空间，增加向心和焦点作用；形成只有地和顶两层界面的空透空间；按行列构成狭长的带状过渡空间。

植物材料的高矮、冠的形状和疏密、种植的方式决定了空间围合的质量。分枝点高于常视高的乔木围合的空间较空透；乔灌木分层围合的空间较封闭；交错种植、种植间距小、冠较密的情况下围合的空间较封闭。另外，所围合空间的垂直视角对空间封闭性也有影响，当视角大于45°时空间十分封闭，当视角小于18°时空间渐趋开敞。

4.其他作用

植物材料除了具有上述的一些作用外，还具有丰富过渡或零碎空间、增加尺度感、丰富建筑物立面、软化过于生硬的建筑物轮廓的作用等。

城市中的一些零碎地，如街角、路侧不规则的小块地，特别适合于用植物材料来填充，充分发挥其灵活的特点。植物材料种类繁多，大小不一，能满足各种尺度的空间的需要。大面积的种植具有一定的视觉吸收力，可以同化一定规模的不佳景色或杂乱景观。

以上简要地介绍了植物的作用，下面从另一个角度总结乔灌木等植物分别起的作用。

乔木　乔木是种植设计中的基础和主体（见图5-22）。若树木选择和配置得合理就能形成整个园景的植物景观框架。大乔木遮荫效果好，落叶乔木冬季能透射阳光。大乔木能屏蔽建筑物等大面积不良视线。中小乔木宜作背景和风障，也可用来划分空间、框景，它尺度适中，适合作主景或点缀之用。

图5-22

灌木　灌木作为低矮的障碍物，可用来防止破坏景观、避免抄近路、屏蔽视线、强调道路的线型和转折点、引导人流、作为低视点的平面构图要素、作较小前景的背景、与中小乔木一起加强空间的围合等（见图5-23）。灌木的植株多处于人们的常规视域内，尺度较亲切。生长缓慢、耐修剪的灌木还可作为绿篱。灌木不仅可用作点缀和装饰，还可以大面积种植形成群体植物景观。若使用灌木作为阻挡和划分的手段就应该使用有刺的、小枝稠密的种类，常绿的更好。如果为了不阻挡视线，则应选择耐修剪的以控制高

度、增加密度。若遇到规则式设计，可以考虑适当使用修剪的灌木，避免过多地使用整形修剪，因为这不仅仅是养护管理的问题，而且选择能满足这种条件的植物种类也并不容易。

藤木　藤木可作为墙面绿化、美化材料。地被物可用来限定道路，覆盖地面，形成群体植物景观（见图5-24）。

图5-23

图5-24

三、种植的基本方法

1.设计过程

种植设计是园林设计的详细设计内容之一，当初步方案决定之后，便可在总体方案基础上与其他详细设计同时展开。种植设计的具体步骤如下：

（1）研究初步方案　明确植物材料在空间组织、造景、改善基地条件等方面应起的作用，作出种植方案构思图（见图5-25）。

图5-25

（2）选择植物　植物的选择应以基地所在地区的乡土植物种类为主，同时也应考虑已被证明能适应本地生长条件，长势良好的外来或引进的植物种类。另外还要考虑植物材料的来源是否方便、规格和价格是否合适、养护管理是否容易等因素。

（3）详细种植设计　在此阶段中应该用植物材料使种植方案中的构思具体化，这包括详细的种植配置平面、植物的种类和数量、种植间距等。详细设计中确定植物应从植物的形状、色彩、质感、季相变化、生长速度、生长习性、配置在一起的效果等方面去考虑，以满足种植方案中的各种要求。

（4）种植平面及有关说明　在种植设计完成后就要着手准备绘制种植施工图和标注的说明。种植平面是种植施工的依据，其中应包括植物的平面位置或范围、详尽的尺寸、植物的种类和数量、苗木的规格、详细的种植方法、种植坛或种植台的详图、管理和栽后保质期限等图纸与文字内容。

2.基地条件和植物选择

虽然有很多植物种类都适合于基地所在地区的气候条件，但是由于生长习性的差异，植物对光线、温度、水分和土壤等环境因子的要求不同，抵抗劣境的能力不同，因此，应针对基地特定的土壤、小气候条件安排相适应的种类，做到适地适树。

（1）对不同的立地光照条件应分别选择喜荫、半耐荫、喜阳等植物种类（见图5-26）。喜阳植物宜种植在阳光充足的地方，如果是群体种植，应将喜阳的植物安排在上层，耐荫的植物宜种植在林内、林缘或树荫下、墙的北面。

耐荫程度	常见的植物种类
喜阳植物（阳光充足条件下才能正常生长）	大多数松柏类植物、银杏、广玉兰、鹅掌楸、白玉兰、紫玉兰、朴树、榆树、木、毛白杨、合欢、鸢尾、牵牛花、假俭草、结缕草等
耐阴植物（庇荫条件下才能正常生长）	罗汉松、花柏、云杉、冷杉、建柏、红豆杉、紫杉、山茶、栀子花、南天竹、海桐、珊瑚树、大叶黄杨、蚊母树、迎春、十大功劳、常春藤、玉簪、八仙花、早熟禾、麦冬、沿阶草等
中性植物	柏木、侧柏、柳杉、香樟、月桂、女贞、小蜡、桂花、小叶女贞、白鹃梅、丁香、红叶李、夹竹桃、七叶树、石楠、麻叶绣球、垂丝海棠、樱花、葱兰、虎耳草等

图5-26

（2）多风的地区应选择深根性、生长快速的植物种类，并且在栽植后应立即加桩拉绳固定，风大的地方还可设立临时挡风墙。

（3）在地形有利的地方或四周有遮挡并且小气候温和的地方可以种些稍不耐寒的种类，否则应选用在该地区最寒冷的气温条件下也能正常生长的植物种类。

（4）受空气污染的基地还应注意根据不同类型的污染，选用相应的抗污染种类。大多数针叶树和常绿树不抗污染，而落叶阔叶树的抗污染能力较强，像臭椿、国槐、银杏等就属于抗污染能力较强的树种。

（5）对不同pH值的土壤应选用相应的植物种类。大多数针叶树喜欢偏酸性的土壤(pH3.7~pH5.5)，大多数阔叶树较适应微酸性土壤(pH5.5~

pH6.9），大多数灌木能适应pH值为6.0～7.5的土壤，只有很少一部分植物耐盐碱，如乌桕、泡桐、紫薇、柽柳、白蜡、刺槐、柳树等。当土壤其他条件合适时，植物可以适应更广范围pH值的土壤，例如桦木最佳的土壤pH值为5.0～6.7，但在排水较好的微碱性土壤中也能正常生长。大多数植物喜欢较肥沃的土壤，但是有些植物也能在瘠薄的土壤中生长，如黑松、白榆、女贞、小蜡、水杉、柳树、枫香、黄连木、紫穗槐、刺槐等。

（6）低凹的湿地、水岸旁应选种一些耐水湿的植物，例如水杉、池杉、落羽杉、垂柳、枫杨、木槿等。

3.植物配置

进行植物配置设计时，首先应熟悉植物的大小、形状、色彩、质感和季相变化等内容。植物的配置按平面形式分为规则和不规则两种，按植株数量分为孤植（见图5-27）、丛植（见图5-28）、群植（见图5-29）几种形式。孤植中常选用具有高大雄伟的体形、独特的姿态或繁茂的花果等特征的树木个体，如银杏、枫香、雪松、圆柏、冷杉、香樟、栎树、广玉兰、七叶树、樱花等。孤植树多植于视线的焦点处或宽阔的草坪上、水岸旁。为了突出孤植树的特征，应安排相应的衬托环境。丛植所需树木较多，少则三五株，多则二三十株，树种既可相同也可不同。为了加强和体现植物某一特征的优势，常采用同种树丛植来体现植物的群体效果。当用不同种类植物丛植组成一个群体时，应从生态、视觉等方面考虑，如喜阳种类宜占上层或南面，耐荫种类宜作下木或栽种在群体的北面。群植是更大规模的植物群体设计，群体可由单层同种组成，也可由多层混合组成。多层混合的群体在设计时也应考虑种间的生态关系，最好以当地自然植物群落结构作为较大规模的种植设计的基础。另外，整个植物群体的造型效果、季相色彩变化、林冠林缘

图5-27

图5-28

图5-29

线的处理、林的疏密变化等也都是较大规模种植设计中应考虑的内容。

植物配置应综合考虑植物材料间的形态和生长习性，既要满足植物的生长需要，又要保证能创造出较好的视觉效果，与设计主题和环境相一致。一般来说，庄严、宁静的环境配置适宜简洁、规整；自由活泼的环境配置应富于变化；有个性环境的配置应以烘托为主，忌喧宾夺主；平淡的环境宜用色彩、形状对比较强烈的配置；空阔环境的配置应集中，忌散漫。

第四节//// 道路

一、道路红线

道路红线（见图5-30），即规划的城市道路（含居住区级道路）路幅的边界控制线。一般平行于道路中线，道路红线宽指两条红线的距离，而不是道路红线和道路中心线的宽度。

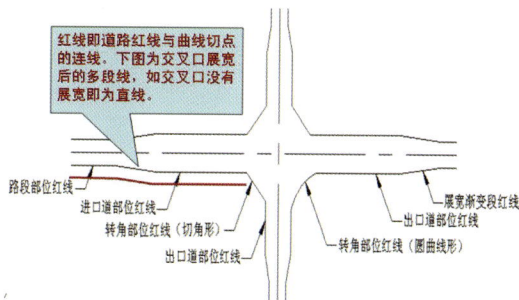

图5-30

道路红线宽度中，道路的组成包括：机动车道宽度、非机动车道宽度、人行道宽度、道路设施的侧向带宽度（敷设地下、地上工程管线和城市公用设施所需增加的宽度）、道路绿化宽度。其中道路绿化宽度根据道路红线宽度的多少决定。

任何建（构）筑物不得越过道路红线。为确保红线以内的各种地上或地下管线及红线以外建（构）筑物与道路红线保持一定的几何关系，必须通过规划测量予以保证。

二、道路横断面

城市道路横断面设计应在城市规划的红线宽度范围内进行。横断面形式、布置、各组成部分尺寸及比例应按道路类别、级别、计算行车速度、设计年限的机动车道与非机动车道交通量和人流量、交通特性、交通组织、交通设施、地上杆线、地下管线、绿化、地形等因素统一安排，以保障车辆和人行交通的安全通畅。

城市道路上供各种车辆行驶的部分统称为行车道。供机动车行驶的部分称为机动车道；供非机动车行驶的部分称为非机动车道；供行人步行使用的部分称为人行道。

城市道路常见的断面形式：

1.单幅路

即"一块板"断面（见图5-31）。单幅路适用于机动车交通量不大，非机动车较少的次干路、支路以及用地不足、拆迁困难的旧城市道路。

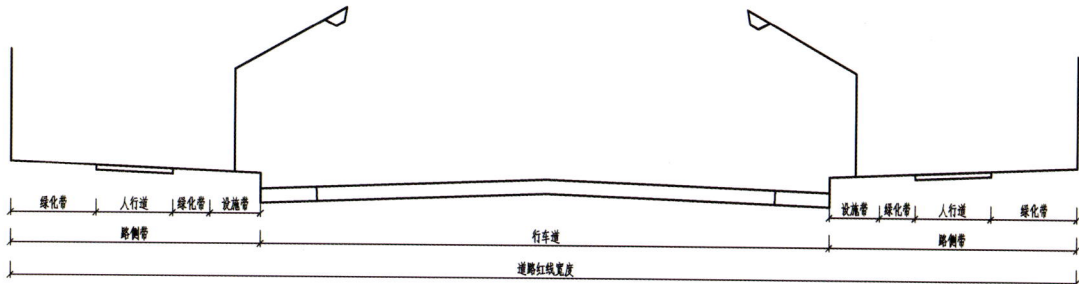

图5-31

2.双幅路

即"两块板"断面（见图5-32）。双幅路适用于单向两条机动车车道以上、非机动车较少的道路。有平行道路可供非机动车通行的快速路和郊区道路以及横向高差大或地形特殊的路段，亦可采用双幅路。在车道中心用分隔带将行车道分为两部分，上、下向车辆分向行驶。

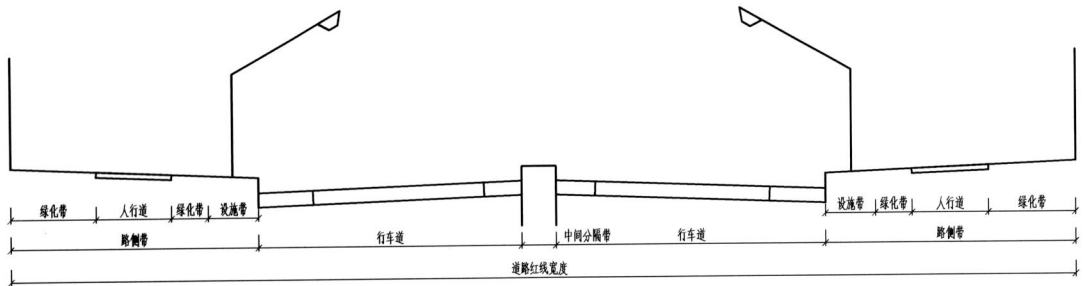

绿化带　人行道　绿化带　设施带　　行车道　　中间分隔带　　行车道　　设施带　绿化带　人行道　绿化带

路侧带　　　　　　　　　　　　　　　　　　　　　　　　　　　　　　路侧带

道路红线宽度

图5-32

3.三幅路

即"三块板"断面（见图5-33）。三幅路适用于机动车交通量大、非机动车多、红线宽度≥40m的道路。中间为双向行驶的机动车车道，两侧为非机动车车道。

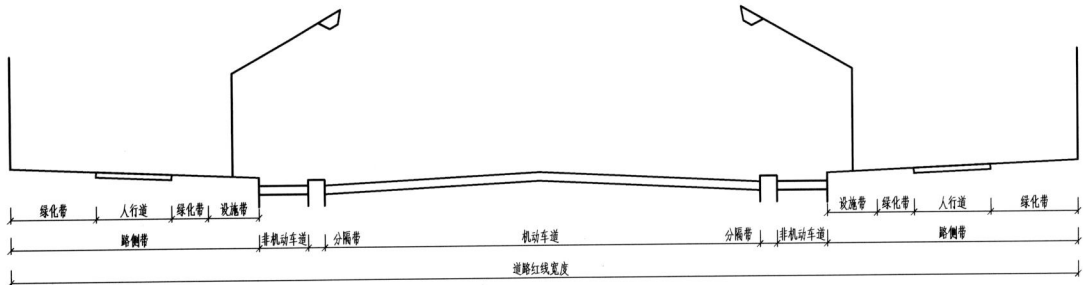

绿化带　人行道　绿化带　设施带　　非机动车道　分隔带　　机动车道　　分隔带　非机动车道　设施带　绿化带　人行道　绿化带

路侧带　　　　　　　　　　　　　　　　　　　　　　　　　　　　　　　　　　　路侧带

道路红线宽度

图5-33

4.四幅路

即"四块板"断面（见图5-34）。四幅路适用于机动车速度高、单向两条机动车车道以上、非机动车多的快速路与主干路。

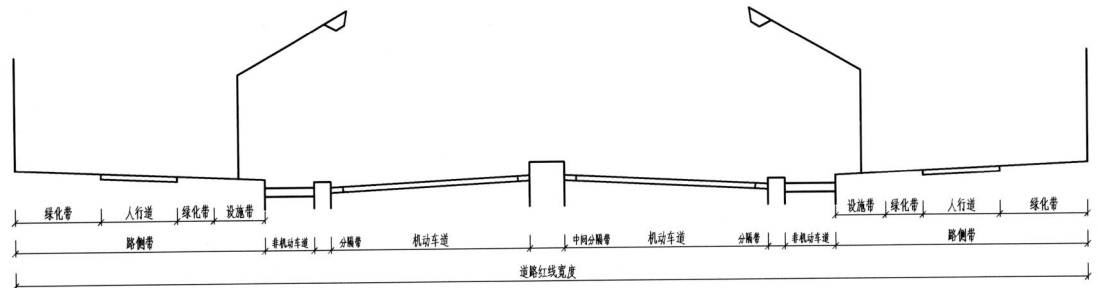

绿化带　人行道　绿化带　设施带　非机动车道　分隔带　机动车道　中间分隔带　机动车道　分隔带　非机动车道　设施带　绿化带　人行道　绿化带

路侧带　　　　　　　　　　　　　　　　　　　　　　　　　　　　　　　　　　　　路侧带

道路红线宽度

图5-34

三、道路景观设计的基本原则

道路景观的规划、设计，涉及对原有景观的保护、利用、改造及对新景观的开发、创造，它不仅与景观资源的审美情趣及视觉环境质量有密切的联系，而且它的规划、设计还对生态环境、自然资源与文化资源的持续发展和永久利用有着非常重要的意义。

1.可持续发展原则

道路景观建设必须注意对沿线生态资源、自然景观与人文景观的持续维护和利用。在空间和时间上规划人类的生活和生存空间，沿线景观资源的建设保持持续的、稳定的、前进的势态。

2.动态性原则

随着时代的发展和人类的进步，道路景观也应存在着一个不断更新演替的过程，在道路景观的设计中应考虑到道路景观的发展演替趋势。

3.地区性原则

我国地大物博，不同地区有其独特的地理位置和地形地貌特征，气候气象特征，植被覆盖特征，等等。同时，不同地区的人民有自己独特的审美理念、文化传统和风俗习惯。因此，道路景观的规划、设计中应考虑其地域性特点，形成不同地区特有的道路景观。

4.整体性原则

道路景观规划设计中，均应将道路宽度、纵坡、平竖曲线、道路交叉点、道路连贯性及其构筑物、沿线设施、道路绿化等与沿途地理、地貌、生态特征、景观资源等作为有机整体统一规划与设计，使道路建设的人工景观与原有的自然景观协调和谐。

5.经济性原则

在道路景观的规划和设计中，不必将精力放在那些耗费大量人力、物力、财力的观赏景观塑造上，而应着重考虑对道路沿线原有景观资源的保护、利用与开发及道路本身和沿线设施、构筑物等作为人文景观与原有地形、地貌、自然环境的相容性研究。

四、道路景观的设计理念

1.注重场地的设计理念

对于我们要进行设计的场地进行现场的考察、了解、分析、研究，是我们在着手进行设计前所必须要做的基础工作（见图5-35）。这种场地分析包括场地周边的自然环境、气候特点、交通状况、人文特点、人口状况、周边的建筑形态、绿化及植被状况等诸多因素。尊重场地、因地制宜，寻求与场地和周边环境密切联系、形成整体的设计理念，应成为道路景观设计的基本原则。景观规划设计的作用并非在于刻意创新，更多地在于发现，在于用专业的眼光去观察、去认识场地原有的特性，发现它积极的方面并加以引导。其中，发现与认识的过程也是设计的过程。因此说，最好的设计看上去就像没有经过设计一样，只是对场地景观资源的充分发掘、利用而已。这就要求设计师在对场地充分了解的基础

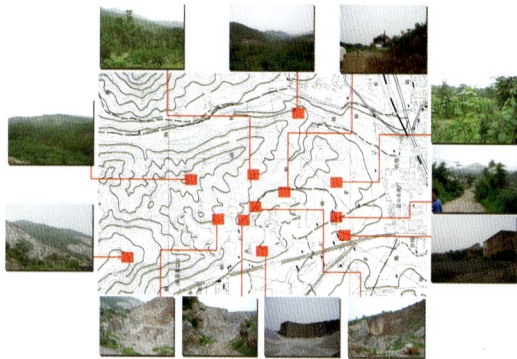

图5-35

上，概括出场地的最大特性，以此作为设计的基本出发点。每一个场地都有巨大的潜能，要善于发现场地的灵魂。

2.注重空间的设计理念

道路景观是由两部分组成，一是由一些景观元素构成的实体，一是由实体构成的空间。实体比较容易受到关注，而空间往往容易被忽略。尤其是我们目前的设计方法，常常只注重那些硬质实体景物，对软质实体景物相对忽视，对空间的形态、外延，以及邻里空间的联系等注重不够，形成各种堆砌景物的设计方法。因此，注重空间结构和景观格局的塑造，强调空间胜于实体的设计理念，针对视觉空间领域进行整体设计的方法，对我们来说显得尤其重要（见图5-36）。老子在《道德经》第十一章中说："……故有之以有利，无之以为用"。也就是说，实体"有"之所以给人带来物质功利，是因为空虚处"无"起着重要的配合作用。

图5-36

3.注重时效的设计理念

道路景观设计与道路工程设计的区别之一，在于道路景观是随季节和时间变化的，是有生命的，是处在不断的生长、运动、变化之中的。因此道路景观规划设计必须认真研究时间性和时效性因素，注重道路景观随时间变化的效果，以塑造随时间延续而可以更新的、稳定的道路景观。

4.注重地域景观的再现

所谓"地域性"景观，就是指一个地区自然景观与历史文脉的总和，包括它的气候条件、地形地貌、水文地质、动植物资源以及历史、文化资源和人们的各种活动、行为方式等（见图5-37，日本景观）。我们所看到的景物或景观类型，都不是孤立存在的，都是与其周围区域的发展演变相联系的。道路景观设计应针对大到一个区域、小到道路沿线周围的景观类型和人文条件，营建具有当地特色的道路景观类型。

图5-37

5.注重简约的设计理念

"少即是多"，简约并不是简单，相反却是对本质的深度挖掘和坦诚表现。高度概括设计方法和惜墨如金的表现手段，是简约设计理念的基本要求。简约的设计理念包括三个方面的内容：

一是设计方法的简约，要求对设计对象进行认真研究、分析，从而抓住其关键性因素，减少细枝末节过多的纠缠，少走弯路；二是表现手法的简约，要求简明和概括，以最少的元素、景物，表现景观最主要的特征；三是设计目标的简约，要求充分了解并顺应场地的文脉、肌理、特性，尽量减少对原有景观的人为干扰，也就是"最小干预"的原则（见图5-38）。

图5-38

6.注重生态的设计理念

近几年来，随着全球保护生态环境的呼声日益高涨，道路的规划、设计，建设者们开始注重生态理念在道路景观设计中的运用。道路规划设计与建设中，应努力把生态理念落实在一些具体的设计方法上。生态学的本意，是要求规划设计者要更多地了解生物，认识到所有生物互相依赖的生存方式，将各个生物的生存环境彼此连接在一起。这实际上要求我们具有整体的意识，小心谨慎地对待生物、环境，反对孤立的、盲目的整治行为。不能把生态理念简单地理解为大量种树、提高绿量。此外，生态学原理要求我们尊重自然，师法自然，研究自然的演变规律；要顺应自然，减少盲目的人工改造环境，减低道路景观的养护管理成本；要根据区域的自然环境特点，

营建道路景观类型，避免对原有环境的彻底破坏；要尊重场地中的其他生物的需求；要保护和利用好自然资源，减少能源消耗等。因此，荒地、原野、取土坑、弃土坑、再生、节能、野生动物、植物、废物利用等，构成道路景观生态设计理念中的关键词。

7.结合自然的设计理念

是"以人为本"，还是"以自然为本"，是改造自然，还是顺应自然，不能片面地加以肯定或否定。一般来说，在城市道路景观设计中，应较多地考虑人工与自然结合，考虑自然的人工性手法；在远离城市环境的公路景观设计中，自然的作用应增强。景观设计实际上反映出设计者对自然的认识、理解，并通过设计手段加以表现，自然始终是设计的源泉。

8.注重科学的设计理念

道路景观设计是一门涉及面广、错综复杂的边缘性学科，与多门学科交叉并受到它们的影响，如道路工程、桥梁工程、力学、生物学、生态学、环保学、土壤学、植物学、美学等。因此道路景观规划设计应采取科学严谨的治学态度，充分研究和了解各个学科特征，运用现代科技手段，强调科学的设计方法。

9.注重个性的设计理念

在一个越来越强调个性发展和个人价值的社会，个性体验、个人理解和个人感情的投入，在道路景观设计中的地位也日益重要，也是道路景观设计多样性和丰富性的保证。注重个性的设计理念，并非鼓励个人脱离实际的闭门造车，而是强调个人对自然、对社会、对生态、对艺术、对历史等的独特理解，在旅行中的独特体验 以及个性化的设计表现手法，强调个人对道路景观内涵与本质的独特认识（见图5-39）。

图5-39

五、道路景观的设计方法

道路的快速通行运输功能决定了道路景观结构体系具有绳（线性景观）结（点式景观）模式。这一特定景观结构模式的设计涉及动态的、自然的与人工的、视觉上的与情感上的问题，其规划设计思路与方法大致如下：

1.以安全为前提

保证道路畅通、安全是前提。保证运输畅通与行驶安全，避免对司乘人员造成心理上的压抑感、恐惧感、威胁感及视觉上的遮挡、不可预见、眩光等视觉障碍，为司乘人员创造安逸的环境。

2.以生态为根本

道路景观生态规划是根本。道路的建设，旨在推动经济建设发展，但经济的发展不能以生态系统的破坏为代价。因此，道路景观的规划、设计和建设中，应贯彻景观生态学的思想，合理优化利用道路沿线的土地资源、生态资源及环境资源，使道路建设走可持续发展之路。

3.线性景观设计重在"势"

中国古代环境设计理论中出现"形势"说，

千尺为势，百尺为形，恰可用于道路景观设计。"形势"说中关于形和势的概念如下："形"有形式、形状、形象、近景等意义，"势"则指姿态、态势、趋势、远观等意义。

线形景观的观赏者多处于高速行驶状态下，在这一状态下景观主体对景观客体的认识只能是轮廓。因此，对线形景观的设计应力求做到形体连续、流畅、自然且通视效果好，与其他环境要素相容协调。在诸多线性景观要素中，设计的关键是道路自身的线形与体态。

4.点式景观设计重在"形"

道路通过村、镇、城乡及立交、收费、加油、服务站等处的景观其观赏者除一部分处于高速行驶状态外，还有很大部分处于静止、步行或慢速形式状态。因此，这些部位景观的设计重点放在"形"的刻画与处理上。如道路本身形体、形象设计，绿化植物选择搭配，交通建筑与地方建筑协调，场所的可识别性、可记忆性，道路景观与区域原有景观的协调及周围人文景观与自然景观的保护、利用、改造与完善。

第六章 景观设计流程

一 本章重点 》
了解并掌握景观设计的相关流程

一 学习目标 》
通过对本章内容的学习，能够了解一般景观设计实际项目中的流程与规范，能够按照实际流程进行相关景观设计项目的操作。

一 建议学时 》
2学时。

第六章　景观设计流程

第一节////前期准备阶段

一、接受设计任务

作为一个建设项目的业主（俗称"甲方"）会邀请一家或几家设计单位进行方案设计。作为设计方（俗称"乙方"）在与业主初步接触时，要了解整个项目的概况，包括建设规模、投资规模、可持续发展等方面，特别要了解业主对这个项目的总体框架方向和基本实施内容。总体框架方向确定了这个项目是一个什么性质的绿地，基本实施内容确定了绿地的服务对象。这两点把握住了，规划总原则就可以正确制定了。

二、实地踏勘，收集有关资料

一般来说，甲方会选派熟悉基地情况的人员，陪同总体规划师至基地现场踏勘，收集规划设计前必须掌握的原始资料。这些资料应包括：所处地区的气候条件，气温、光照、季风风向、水文、地质土壤（酸碱性、地下水位）；周围环境，主要道路，车流人流方向；基地内环境，湖泊、河流、水渠分布状况，各处地形标高、走向等。

总体规划师结合业主提供的基地现状图（又称"红线图"），对基地进行总体了解，对较大的影响因素做到心中有底，今后作总体构思时，针对不利因素加以克服和避让，有利因素充分地合理利用（见图6-1、图6-2）。此外，还要在总体和一些特殊的基地地块内进行摄影，将实地现状的情况带回去，以便加深对基地的感性认识。

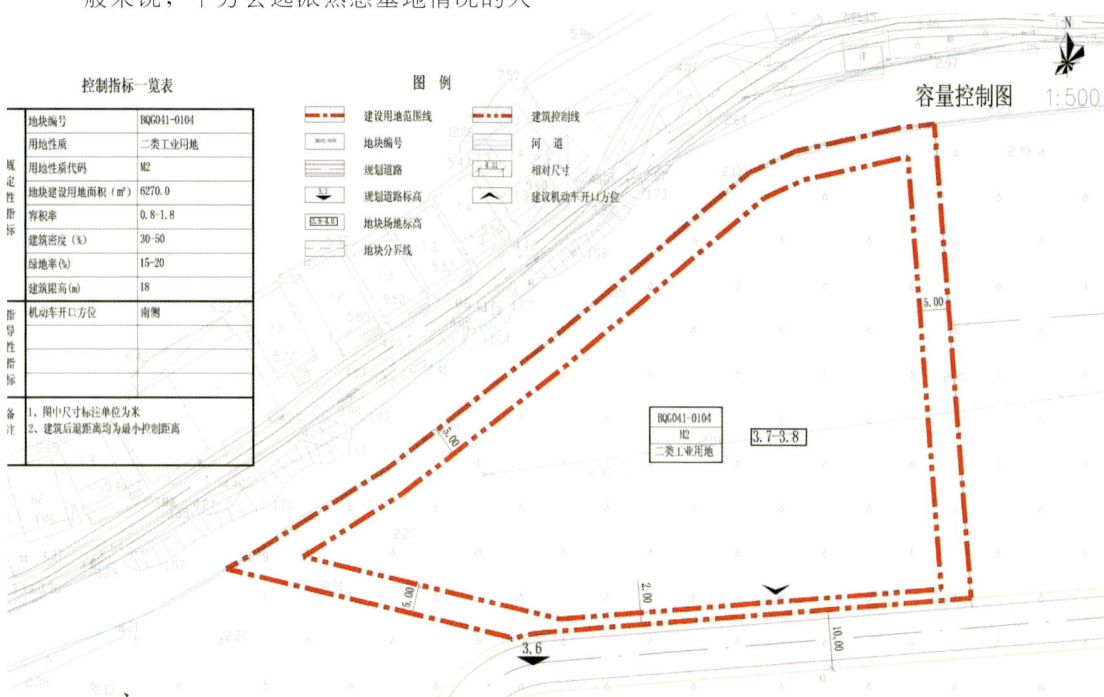

图6-1

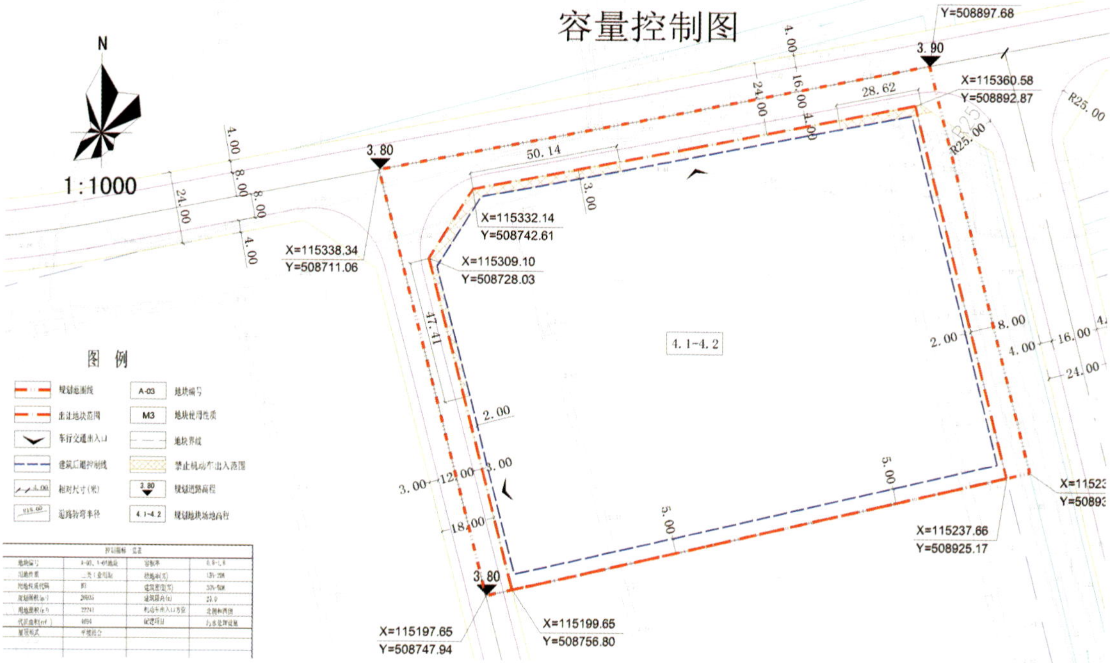

容量控制图

图6-2

第二节//// 概念设计阶段

一、初步的总体构思及修改

基地现场收集资料后，就必须立即进行整理、归纳，以防遗忘那些较细小的却有较大影响因素的环节。

在着手进行总体规划构思之前，必须认真阅读业主提供的"设计任务书"（或"设计招标书"）。一般在设计任务书中，甲方都详细列出了其对建设项目的各方面要求：总体定位性质、内容、投资规模、技术经济相符控制及设计周期等。在这里，需要特别注意的是，要特别重视对设计任务书的阅读和理解，一遍不够，多看几遍，充分理解，"吃透"设计任务书最基本的"精髓"。

在进行总体规划构思时，要将业主提出的项目总体定位作一个构想，并与抽象的文化内涵

以及深层的警世寓意相结合，同时必须考虑将设计任务书中的规划内容融合到有形的规划构图中去。

构思草图（见图6-3）只是一个初步的规划

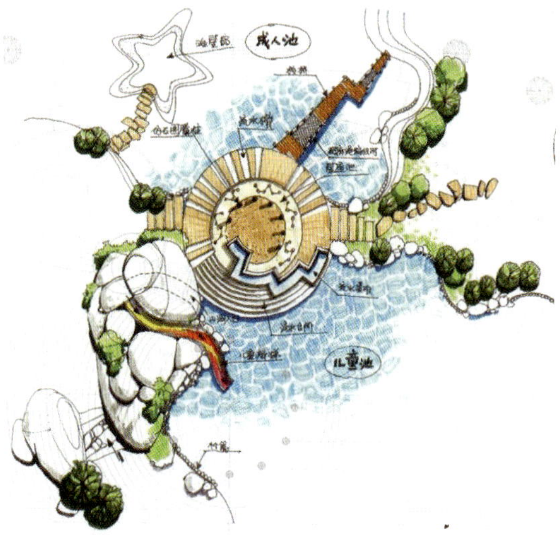

图6-3

轮廓，接下去要将草图结合收集到的原始资料进行补充、修改。逐步明确总图中的入口、广场、道路、湖面、绿地、建筑小品、管理用房等各元素的具体位置。经过这次修改，会使整个规划在功能上趋于合理，在构图形式上符合景观设计的美观、舒适等要求。

二、方案的第二次修改及文本制作

经过了初次修改后的规划构思，还不是一个完全成熟的方案。设计人员此时应该虚心好学、集思广益，多渠道、多层次、多次数地听取各方面的建议。不但要向老设计师们请教方案的修改意见，而且还要虚心向中青年设计师们讨教，往往多请教别人的设计经验，并与之交流、沟通，更能提高整个方案的新意与活力。由于大多数规划方案，甲方在时间要求上往往比较紧迫，因此设计人员特别要注意两个问题：

第一，只顾进度，一味求快，最后导致设计内容简单枯燥、无新意，甚至完全搬抄其他方案，图面质量粗糙，不符合设计任务书要求。

第二，过多地更改设计方案构思，花过多时间、精力去追求图面的精美包装，而忽视对规划方案本身质量的重视。这里所说的方案质量是指：规划原则是否正确，立意是否具有新意，构图是否合理、简洁、美观，是否具可操作性等。

第三，整个方案全都定下来后，图文的包装

必不可少。现在，它正越来越受到业主与设计单位的重视。

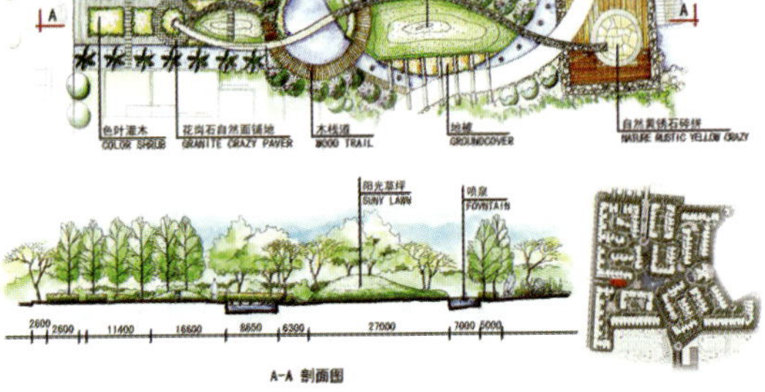

第四，将规划方案的说明、投资框（估）算、水电设计的一些主要节点，汇编成文字部分；将规划平面图、功能分区图、绿化种植图、小品设计图、全景透视图、局部景点透视图，汇编成图纸部分。文字部分与图纸部分的结合，就形成一套完整的规划方案文本（见图6-4）。

三、业主的信息反馈

业主拿到方案文本后，一般会在较短时间内给予一个答复。答复中会提出一些调整意见：包括修改、添删项目内容，投资规模的增减，用地范围的变动等。针对这些反馈信息，设计人员要在短时间内对方案进行调整、修改和补充。

现在各设计单位电脑出图率已相当高，因此局部的平面调整还是能较顺利按时完成的。而对于一些较大的变动，或者总体规划方向的大调整，则要花费较长一段时间进行方案调整，甚至推倒重做。

对于业主的信息反馈，设计人员如能认真听取反馈意见，积极主动地完成调整方案，则会赢得业主的信赖，对今后的设计工作能产生积极的推动作用；相反，设计人员如马马虎虎、敷衍了事，或拖拖拉拉，不按规定日期提交调整方案，则会失去业主的信任，甚至失去这个项目的设计任务。

一般调整方案的工作量没有前面的工作量大，大致需要一张调整后的规划总图（见图6-5）和一些必要的方案调整说明、框（估）算调整说明等，但它的作用却非常重要，以后的方案评审会，以及施工图设计等，都是以调整方案为基础进行的。

图6-4

图6-5

图例：
1. 入口广场
2. 演艺舞台
3. 观众区
4. 草原风情区
5. 林间休闲区
6. 体育健身场地
7. 与肃北公园连接广场
8. 蒙古包（与肃北公园相连）
9. 小故事园区
10. 湖心活动广场
11. 停车场
12. 蒙古文化园
13. 成吉思汗雕塑
14. 赛马雕塑
15. 牧羊雕塑
16. 公厕
17. 张拉膜小广场
18. 管理用房
19. 游船码头
20. 西入口广场
21. 民族风情廊
22. 缓坡草地
23. 音乐喷泉
24. 水幕电影
25. 湖面
26. 观景平台
27. 公园铭牌

四、方案设计评审会

由有关部门组织的专家评审组，会集中一天或几天时间，进行一个专家评审（论证）会（见图6-6）。出席会议的人员，除了各方面专家外，还有建设方领导，市、区有关部门的领导，以及项目设计负责人和主要设计人员。

作为设计方，项目负责人一定要结合项目

图6-6

的总体设计情况，在有限的一段时间内，将项目概况、总体设计定位、设计原则、设计内容、经济技术指标、总投资估算等诸多方面内容，向领导和专家们作一个全方位汇报。汇报人必须清楚，自己心里了解的项目情况，专家们不一定都了解，因而，在某些环节上，要尽量介绍得透彻一点、直观化一点，并且一定要具有针对性。在方案评审会上，宜先将设计指导思想和设计原则阐述清楚，然后再介绍设计布局和内容。设计内容的介绍，必须紧密结合先前阐述的设计原则，将设计指导思想及原则作为设计布局和内容的理论基础，而后者又是前者的具象化体现。两者应相辅相成，缺一不可。切不可造成设计原则和设计内容南辕北辙。方案评审会结束后几天，设计方会收到打印成文的专家组评审意见。设计负责人必须认真阅读，对每条意见，都应该有一个明确答复，对于特别有意义的专家意见，要积极听取，立即落实到方案修改稿中。

第三节////扩初设计阶段

一、扩初设计评审会

设计者结合专家组方案评审意见，进行深入一步的扩大初步设计（简称"扩初设计"）。在扩初文本中，应该有更详细、更深入的总体规划平面、总体竖向设计平面、总体绿化设计平面、建筑小品的平、立、剖面（标注主要尺寸）。在地形特别复杂的地段，应该绘制详细的剖面图。在剖面图中，必须标明几个主要空间地面的标高（路面标高、地坪标高、室内地坪标高）、湖面标高（水面标高、池底标高）。

在扩初文本中，还应该有详细的水、电气设计说明，如有较大用电、用水设施，要绘制给排水、电气设计平面图。

扩初设计评审会上，专家们的意见不会像方案评审会那样分散，而是比较集中，也更有针对性。设计负责人的发言要言简意赅，对症下药。根据方案评审会上专家们的意见，我们要介绍扩初文本中修改过的内容和措施。未能修改的意见，要充分说明理由，争取能得到专家评委们的理解。

在方案评审会和扩初评审会上，如条件允许，设计方应尽可能运用多媒体电脑技术进行讲解，这样，能使整个方案的规划理念和精细的局部设计效果完美结合，使设计方案更具有形象性和表现力。一般情况下，经过方案设计评审会和扩初设计评审会后，总体规划平面和具体设计内容都能顺利通过评审，这就为施工图设计打下了良好的基础。总的来说，扩初设计越详细，施工图设计越省力。

二、基地的再次踏勘

在园林规划设计步骤中，我们谈到过基地的踏勘。这次所谈的基地再次踏勘，至少有三点与前一次不同：1.参加人员范围的扩大。前一次是设计项目负责人和主要设计人，这一次必须增加建筑、结构、水、电等各专业的设计人员；2.踏勘深度的不同。前一次是粗勘，这一次是精勘；3.掌握最新、变化了的基地情况。前一次与这一次踏勘相隔较长一段时间，现场情况必定有了变化，我们必须找出对今后设计影响较大的变化因素，加以研究，然后调整随后进行的施工图设计。

第四节////施工图设计阶段

一、施工图的设计制作（见图6-7～图6-10）

现在，很多大工程，市、区重点工程，施工周期都相当紧促。往往最后竣工期先确定，然后从后向前倒排施工进度。这就要求我们设计人员打破常规的出图程序，实行"先要先出图"的出图方式。一般来讲，在大型园林景观绿地的施工图设计中，施工方急需的图纸是：1.总平面放样定位图（俗称方格网图）；2.竖向设计图（俗称土方地形图）；3.一些主要的大剖面图；4.土方平衡表（包含总进、出土方量）；5.水的总体上水、下水、管网布置图，主要材料表；6.电的总平面布置图、系统图等。同时，这些较早完成的图纸要做到两个结合：1.各专业图纸之间要相互一致，自圆其说；2.每一种专业图纸与今后陆续完成的图纸之间，要有准确的衔接和连续关系。总的来说，每一专业各自有特点，在这里就不赘

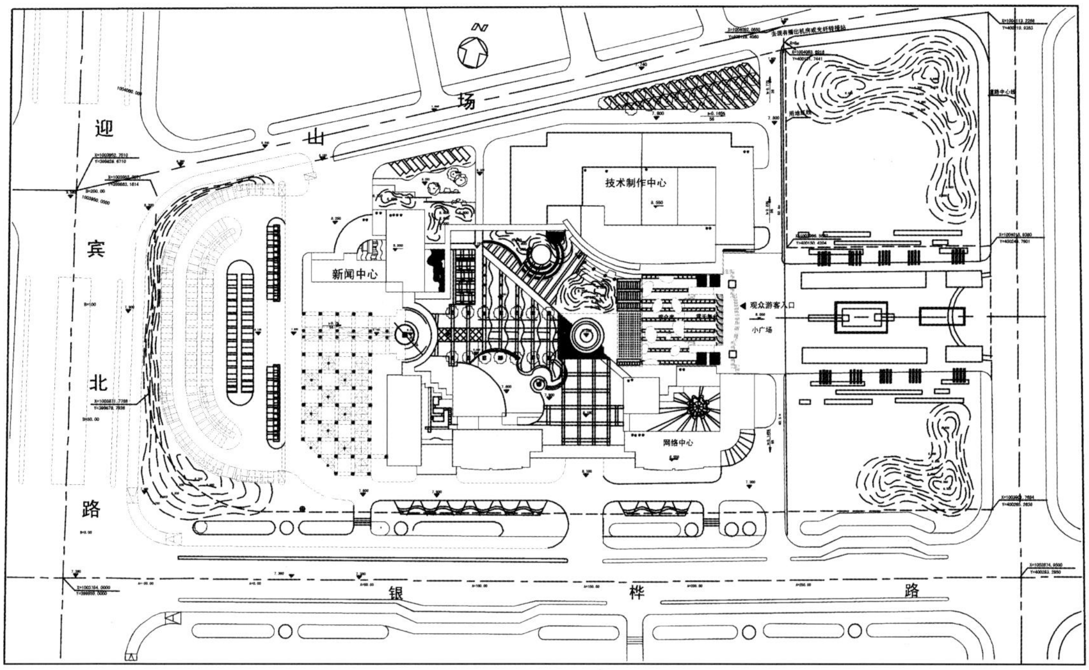

图6-7

植物名录表

序号	名 称	图例	序号	名称	图列
1	合欢		11	加拿利海枣	
2	桂花		12	银海枣	
3	香樟		13	无刺勾骨	
4	紫叶李		14	凤尾兰	
5	棕榈		15	杜鹃	
6	龙柏		16	八角金盘	
7	白玉兰		17	鸢尾	
8	山茶		18	茶梅	
9	鸡爪槭		19	阔叶结缕草	
10	芭蕉		20		

图6-8

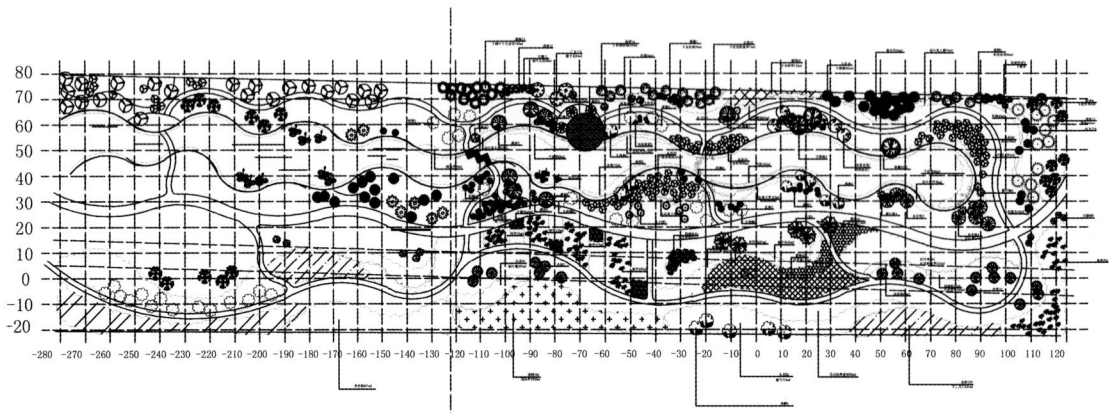

图6-9

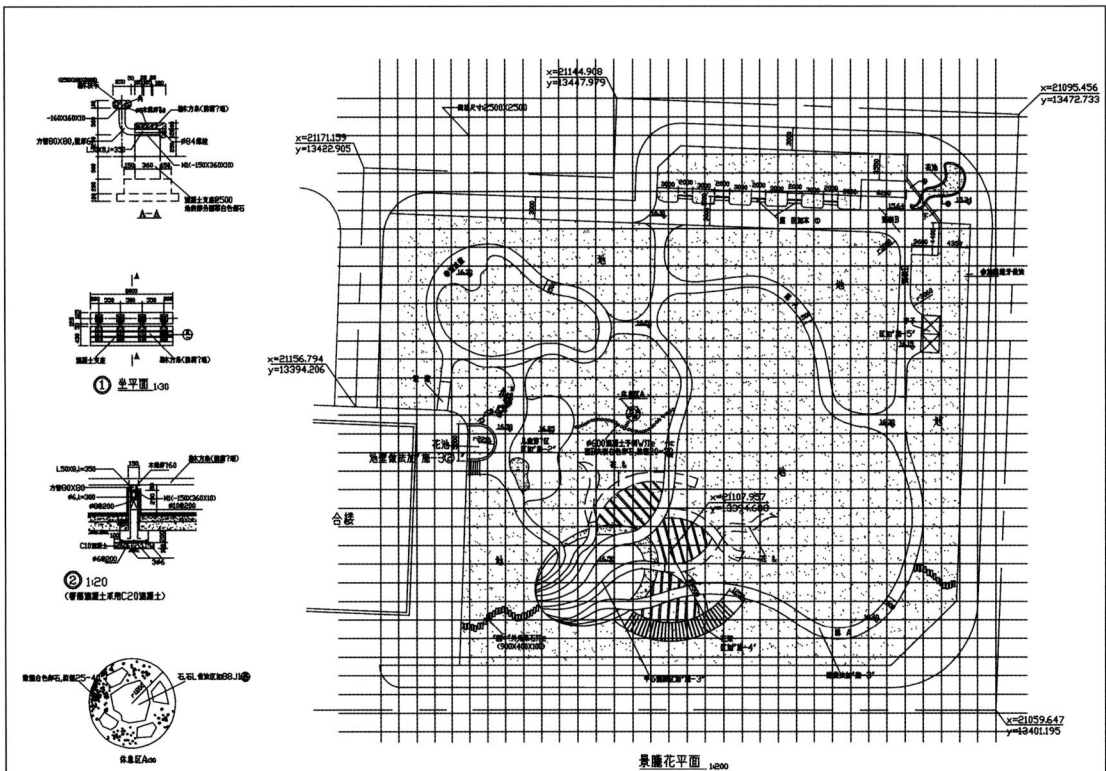

图6-10

述了。

作为整个工程项目设计总负责人，往往同时承担着总体定位、竖向设计、道路广场、水体，以及绿化种植的施工图设计任务。他不但要按时，甚至提早完成各项设计任务，而且要把很多时间、精力花费在开会、协调、组织、平衡等工作上。尤其是甲方与设计方之间、设计方与施工方之间、设计各专业之间的协调工作更不可避免。往往工程规模越大，工程影响力越深远，组织协调工作就越繁重。

从这方面看，作为项目设计负责人，不仅要掌握扎实的设计理论知识和丰富的实践经验，更要具有极强的工作责任心和优良的职业道德，这样才能更好地担当这一重任。

二、施工图的交底

业主拿到施工设计图纸后，会联系监理方、施工方对施工图进行看图和读图。看图属于总体上的把握，读图属于具体设计节点、详图的理解。之后，由业主牵头，组织设计方、监理方、施工方进行施工图设计交底会。在交底会上，业主、监理、施工各方提出看图后所发现的各专业方面的问题，各专业设计人员将对口进行答疑，一般情况下，业主方的问题多涉及总体上的协调、衔接；监理方、施工方的问题常提及设计节点、大样的具体实施。双方侧重点不同。由于上述三方是有备而来，并且有些问题往往是施工中关键节点，因而设计方在交底会前要充分准备，会上要尽量结合设计图纸当场答复，现场不能回答的，回去考虑后尽快做出答复。

第五节///施工阶段

设计的施工配合工作往往会被人们忽略。其实，这一环节对设计师、对工程项目本身恰恰是相当重要的。

业主对工程项目质量的精益求精、对施工周期的一再缩短，都要求设计师在工程项目施工过程中，经常踏勘建设中的工地，解决施工现场暴露出来的设计问题、设计与施工相配合的问题。如有些重大工程项目，整个建设周期就已经相当紧迫，业主普遍采用"边设计边施工"的方法。针对这种工程，设计师更要勤下工地，结合现场客观地形、地质、地表情况，做出最合理、最迅捷的设计。

如果建设中的工地位于设计师所在的同一城市中，该设计项目负责人必须结合工程建设指挥的工作规律，对自己及各专业设计人员制定一项规定：每周必须下工地一至两次（可根据客观情况适当增减），每次至工地，参加指挥部召开的每周工程例会，会后至现场解决会上各施工单位提出的问题。能解决的，现场解决；无法解决的，回去协调各专业设计后出设计变更图解决，时间控制在2～3天。如遇上非设计师下工地日，而工地上恰好发生影响工程进度的较重大设计施工问题，设计师应在工作条件允许下，尽快赶到工地，协调业主、监理、施工方解决问题。上面所指的设计师往往是项目负责人，但其他各专业设计人员应该配合总体设计师，做好本职专业的施工配合。

第七章 景观设计项目实例分析

▼ 本章要点

综合运用所学知识解读本章四个案例

▼ 学习目的

通过对本章内容的学习，能够将之前所学的知识融会贯通，对案例进行解析，并能够运用到解决实际案例的设计工作中。

▼ 建议学时

6学时。

第七章　景观设计项目实例分析

第一节////项目A设计过程分析

一、基地分析

本设计项目位于天津某高校校区，设计面积约1.5公顷。场地东侧为学院新修建教学楼，北侧为学生宿舍，南侧为旧教学楼，西侧紧邻网球场与排球场地。地块形状近似矩形，较规整，现状为草地，场地边缘种有合欢等植物。场地西侧与南侧有校区内主要道路，东侧主教学楼为一栋十一层的现代化教学楼，面向场地一侧为一整面玻璃幕墙，外延风格现代简约，对场地控制力较强，设计过程中应重点考虑。由于校方考虑使用场地作为全校学生集会场所，因此在设计中，应以平地为主要设计元素。

二、设计构思

以校园规划为依据，广场充分发挥校园自身的基础条件，结合园区现状，以不规则几何图形为设计元素，简洁、现代、具有极强的视觉冲击力、易于施工，符合校园生活中年轻人的审美要求。功能上以人为本、特色鲜明、满足广大学生及教职工对空间的各项需求。

1.作为校园的主要成员，学生和教师永远是校园景观设计中的出发点。在设计中，一切以师生的基本需求出发。以人的视觉、心理、行为出

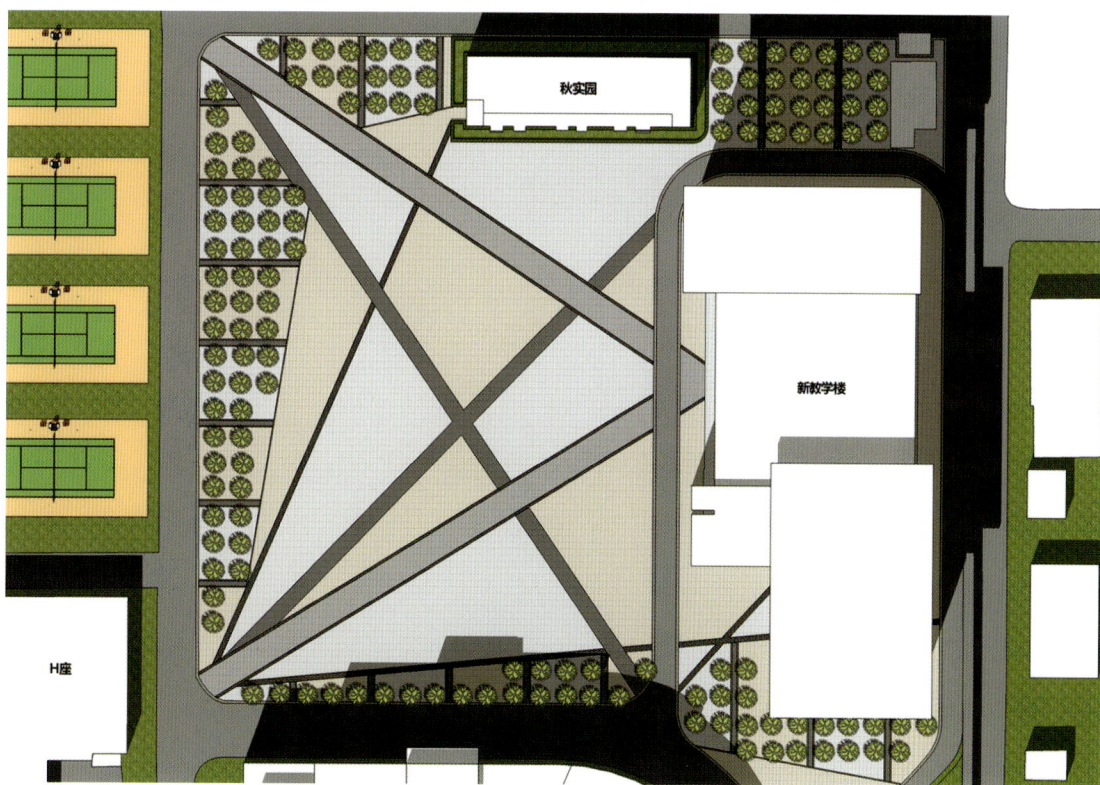

图7-1

发，充分重视人的行为需求，富有人情味。创造出更完善宜人的校园生活环境，使广场与环境相互辉映，融为一体。

2.广场四周由树木围合而成，虚实相映，在无形中分割出广场的空间。树阵与广场之间形成不同的景观效果。绿化景观系统同步行系统叠合在一起，人行其间，随着视点的变化，步移景异。

3.广场上通过铺装分割出不同的几何图形，

同时也分割出不同的道路。道路的设计考虑到新楼及周边建筑在人流峰值情况下的交通流量，使人在最短的时间内到达所去的地方。同时道路不仅起到连接目的地的作用，还起到了引导视线的作用。广场的整体意象体现了锐意进取的精神风貌和以人为本的思想理念，与新建成的大楼相呼应（见图7-1）。

三、功能分析（见图7-2～图7-5）

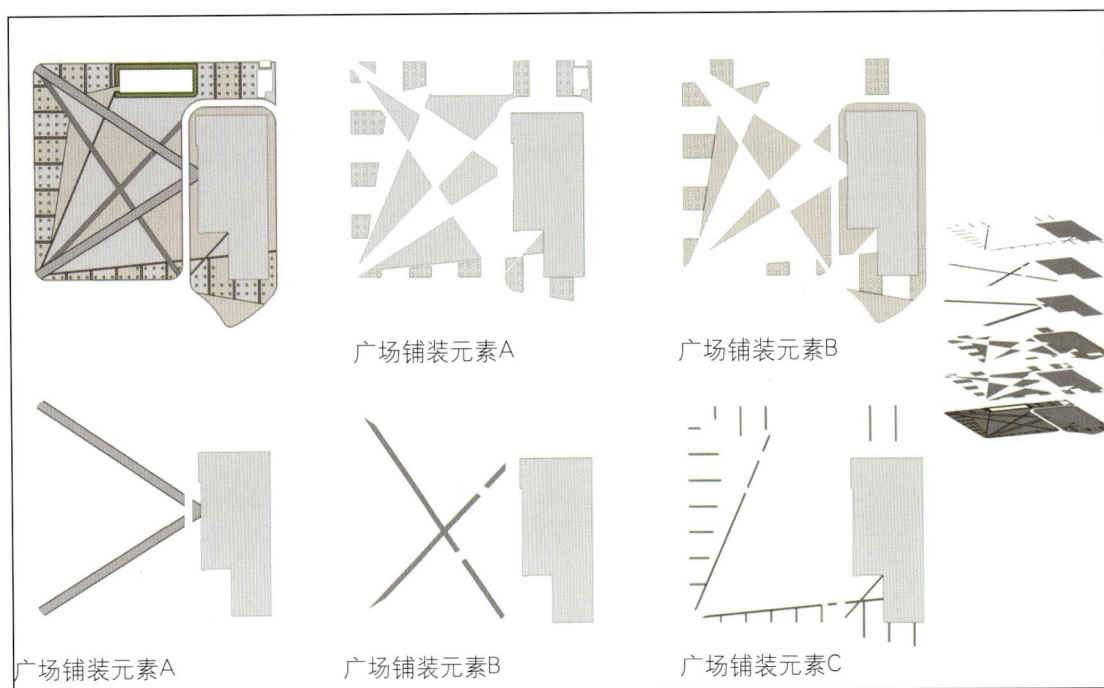

广场铺装元素A

广场铺装元素B

广场铺装元素A

广场铺装元素B

广场铺装元素C

图7-2

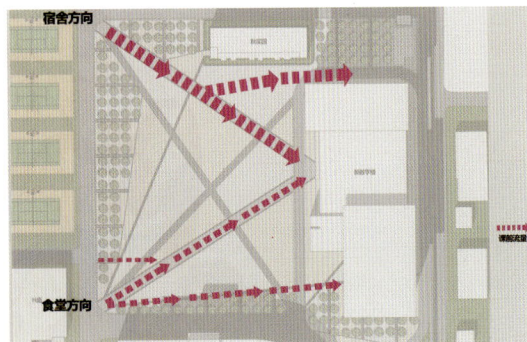

图7-3

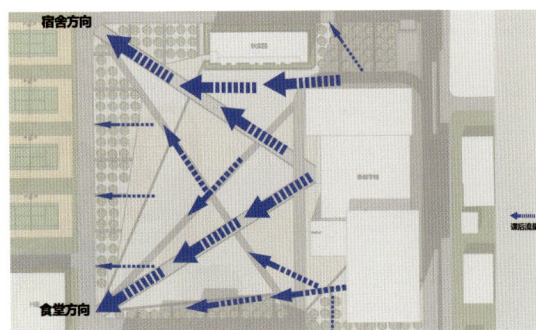

图7-4

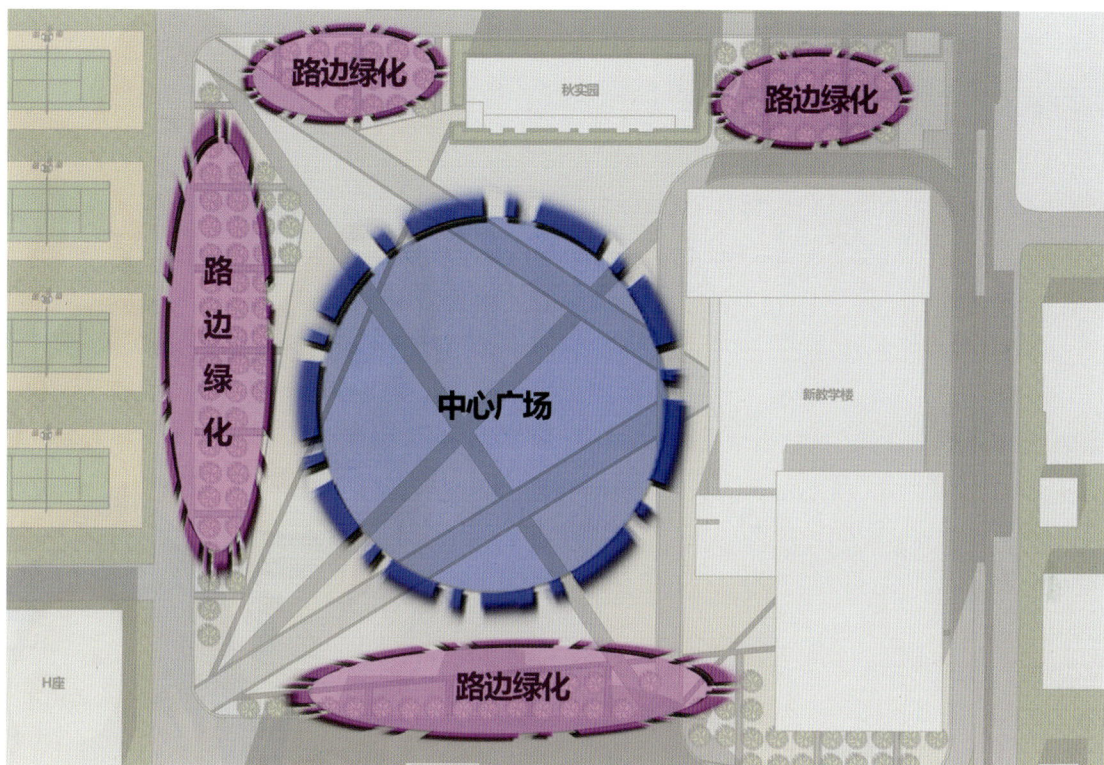

图7-5

四、方案一效果表现（见图7-6—图7-10）

图7-6

图7-7

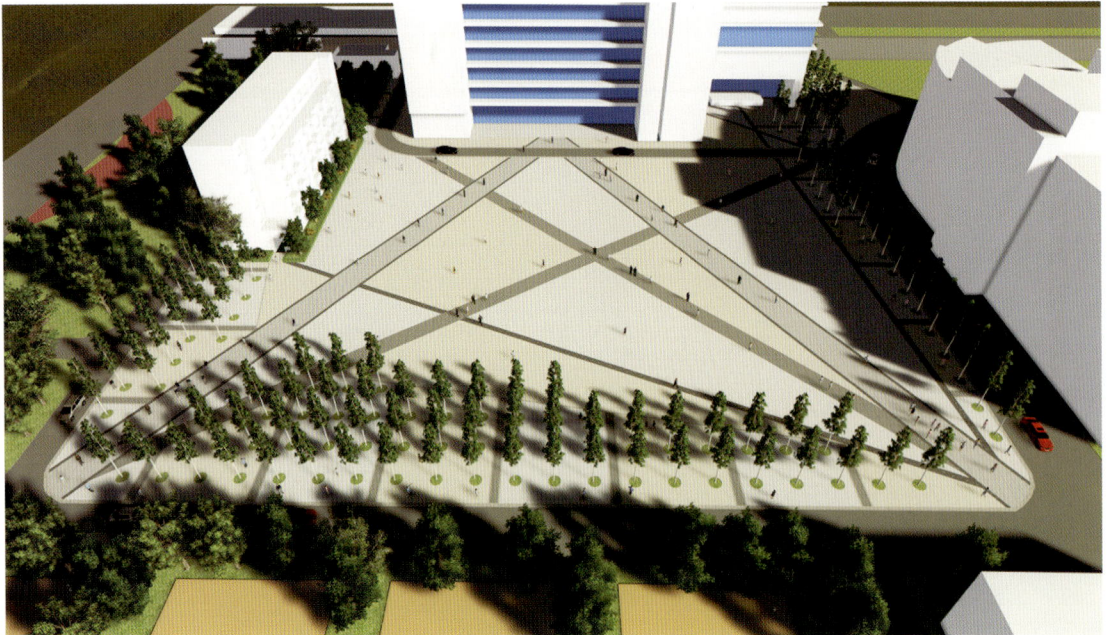

图7-8

图7-9

图7-10

五、方案二效果表现（见图7-11～图7-13）

图7-11

图7-12

图7-13

第二节 ///// 项目B设计过程分析

一、基地分析

本设计项目位于山东省，临近渤海湾，项目地历史悠久，自古人杰地灵，名人辈出。既有忧国忧民的高官，又有才华横溢的词人；既有中国的建筑泰斗，又有名扬海外的书画大师，这些出色的历史人物，为当地的人文历史留下了厚重的一笔。近年来，在政府的领导下，当地人民依托区位和资源优势，抢抓机遇、开拓进取，不仅经济实力不断增强，城市建设的力度也在不断加大。随着城市化进程的加快和新的经济发展战略的实施，原有的城区已经无法满足城市发展的需要。在当地领导的关怀下，新的总体规划开始实施。由于新城是当地未来的政治、经济和文化中心，新城开发必将成为当地社会、经济和城市建设进入快速发展阶段的重要里程碑和标志（见图7-14）。

本次新城城市中心区核心景观带设计区域位于当地新城的中心区域，是当地重要开发地段中最重要的区域，是当地城市建设的标志性地段。

本次设计区域位于新城核心区域的主要轴线上。其核心镜湖公园是整体城市规划的核心地区，行政区、文化会展区、旅游休闲区、商业中心区等分别位于其周围构成新区综合中心。

当地属北温带东亚大陆性气候，四季分明，干湿明显。春季多风干燥，夏季湿热多雨，秋季天高气爽，冬季长而干旱，年降水量为548.2毫米，年平均气温为12.6℃。地貌属华北平原鲁西北沙质平原。本次设计涉及区域地势平坦。整个城市由毛白杨、绒毛白蜡、国槐、紫花泡桐、臭椿、红叶李、雪松、侧柏、大叶女贞、榆叶梅、连翘、丁香等乔灌木组成上下复式防护林带。观赏树以垂柳为主，馒头柳、水杉、榆树、五角枫、元宝枫、黑松、雪松、侧柏、桃、迎春、连翘、紫薇、碧桃、珍珠梅、黄杨球、绣线球、灌木、地被植物组成疏密相间、错落有致，可使绿

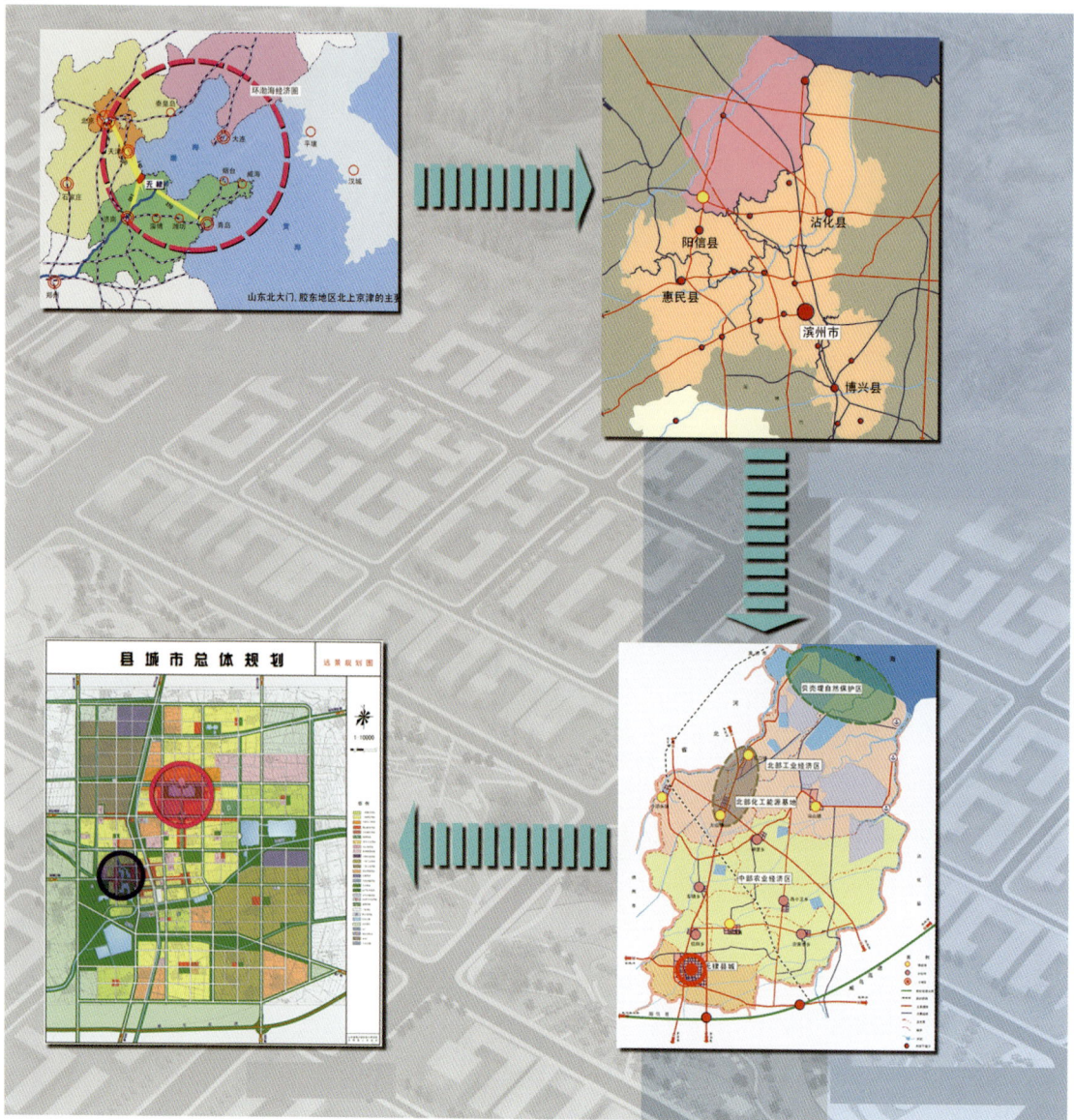

图7-14

地三季有花看，四季有景观。

二、设计构思

景观设计是对城市环境所进行的设计。综合古今中外实例与名家之言，"景观设计"之定义可以这样来表述：

它是一种综合科学与艺术之服务工作，其宗旨系以自然科学为基础并应用艺术美学理论法则，透过规划与设计，处理人类之环境资源（包括自然环境如山川、海洋、土地等和人造环境如都市、居住环境、历史纪念地等），以使环境达到真善美之境界，并创造人类与自然和谐及最大的福祉。随着我国城市化进程的加快和城市化水平的提高，无论城市的领导者、管理者还是普通民众对景观设计的理解和要求越来越高，提升城市文化品质，改善城市环境质量已经成为城镇居民的基本需求，因此，21世纪的景观设计在依据景观要素需要表达的内容的基础上，必须紧密结合当地的自然条件和人文环境，体现人性化的思想，满足生态、绿色和可持续发展的要求，体现具有地域特色的城市文化，创造具有时代特色的人文景观，塑造优美的城市环境，适应弹性可变的功能需要。

本设计是对当地新城中心城区所作的景观设计，由于新城中心城区是当地城市的窗口，对整个城市建设与发展具有示范和引导作用。因此我们在设计中力求以现代景观设计理念为指导，在满足新区景观功能上的各项要求的基础上，塑造一个高品质的现代化新区中心景观带。

1.标志建筑以行政大楼为中心，突出其核心地位，将其布置于景观轴线和景观中心的位置上，并以空间形态、建筑尺度、建筑体量以及建筑高度的处理，突出其核心地位。此外，在空间形态组织上，突出了重要区域、重要节点的建筑形态和空间处理。

2.通过中心景观轴两侧区域的空间景观序列的组合和创造，将中心核心景观轴区域建设成为代表新城风貌、体现新城空间特色、区位价值最高、环境最美、最具人气和活力的地方。

3.依据创建园林生态新城的目标，在空间组织上，将区位价值最高的区域作为城市公园、滨湖绿地。通过城市中心大型集中绿地的组织，使之既能发挥大型城市绿色生态调节的作用，形成以城市开放空间为核心的空间形态，又能体现

中心公园

图7-15

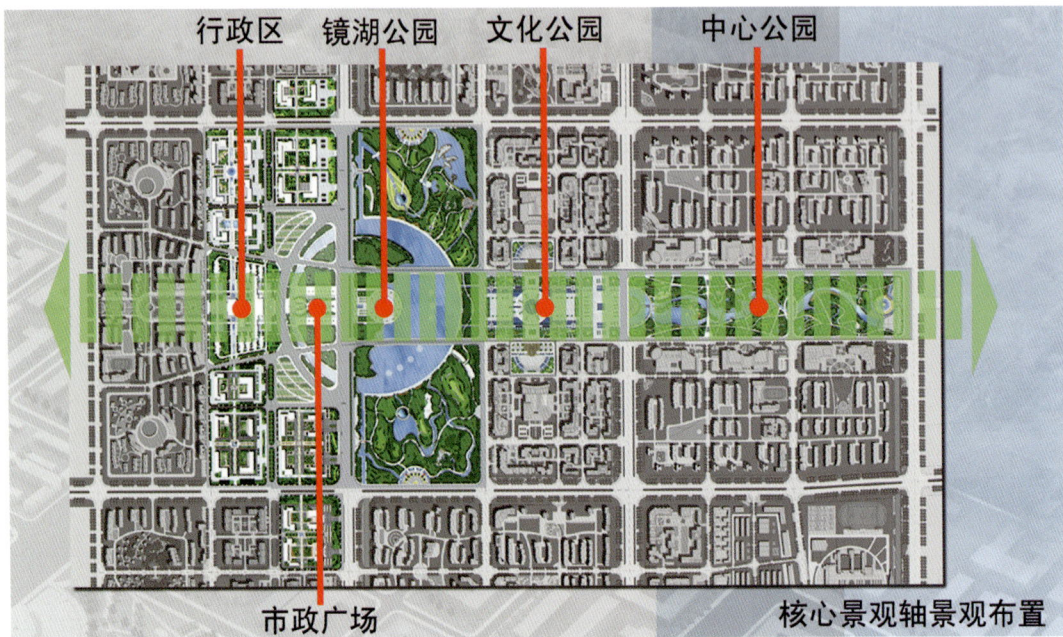

行政区　　镜湖公园　　文化公园　　中心公园

市政广场

核心景观轴景观布置

图7-16

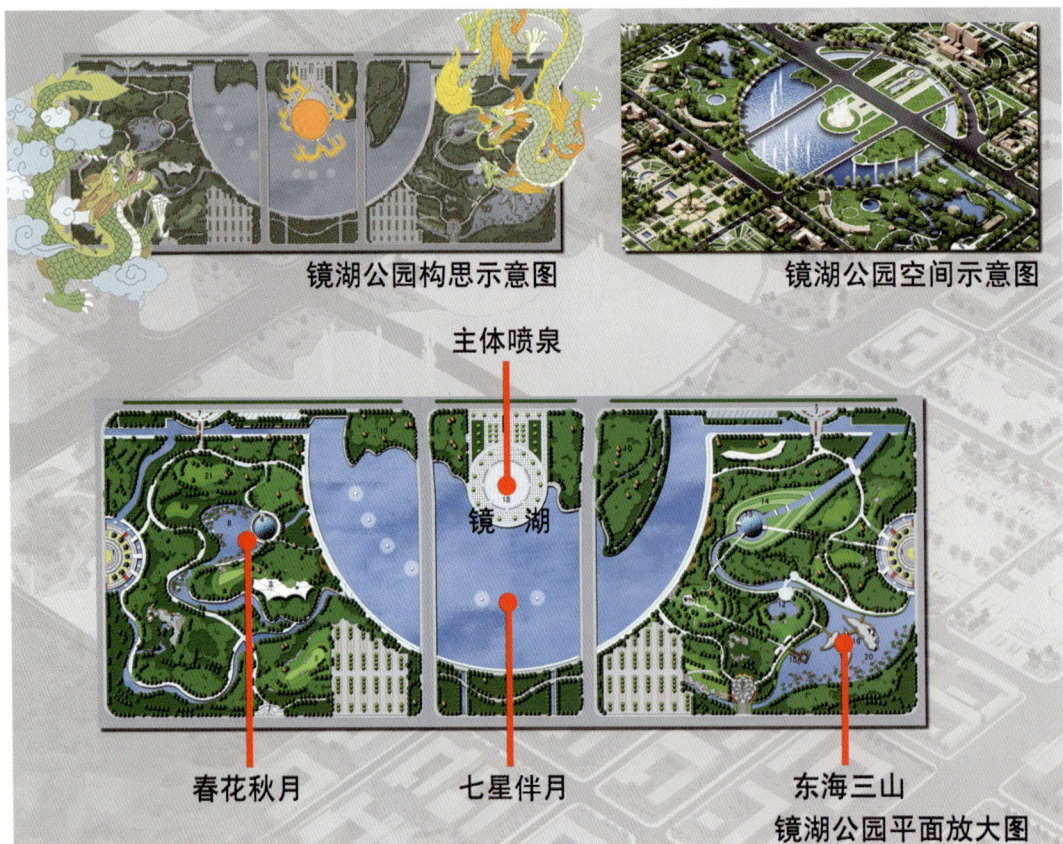

镜湖公园构思示意图

镜湖公园空间示意图

主体喷泉

镜　湖

春花秋月　　　七星伴月　　　东海三山

镜湖公园平面放大图

图7-17

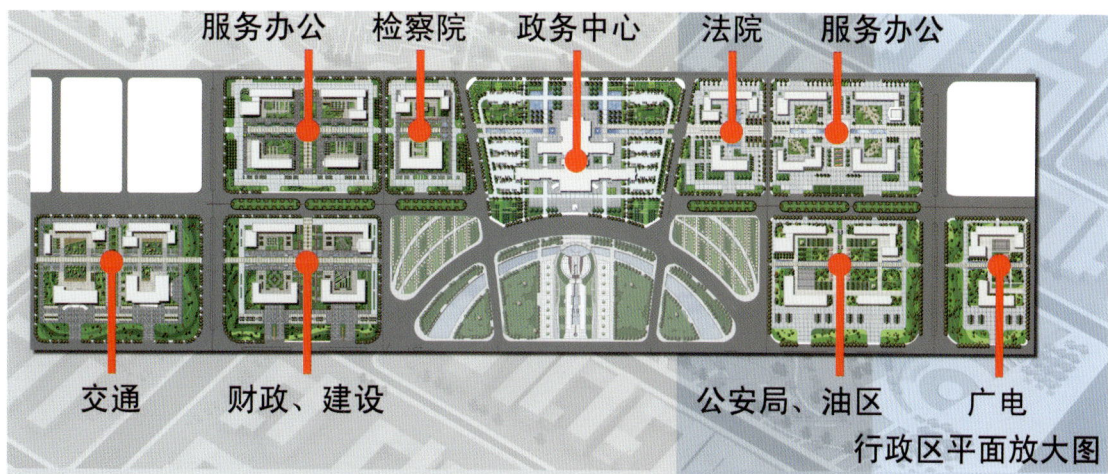

服务办公　检察院　政务中心　法院　服务办公

交通　财政、建设　公安局、油区　广电

行政区平面放大图

图7-18

"水环城、绿抱水、水满园"的绿色城市景观。

4.地块位于城市核心区域，两侧由景观大道包围，绿色景观、滨水景观和人文景观相互交融，通过核心景观与周围区域景观的相互作用，突出表现现代、绿色、开放、人文、科技的理念，体现当地人民深厚的文化底蕴和对现代生活的美好追求。

由于设计地块在城市中的重要位置，由南向北依次连接居住区、行政区、文化区、商贸区等区域，本着突出城市核心、突出城市活力、突出滨水绿色、突出人文特色的原则，通过绿地公园、滨水景观、文化广场及居民休憩等开放空间组织，形成内容丰富、层次分明、独具特色的景观序列（见图7-15～图7-18）。

三、功能分析（见图7-19～图7-21）

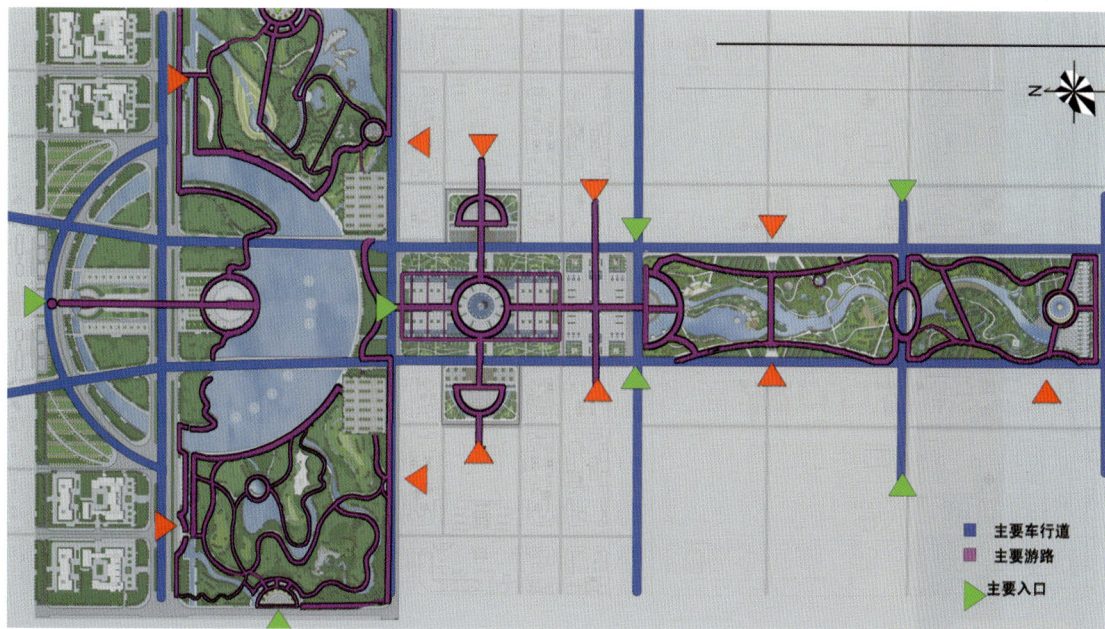

主要车行道
主要游路
主要入口

图7-19

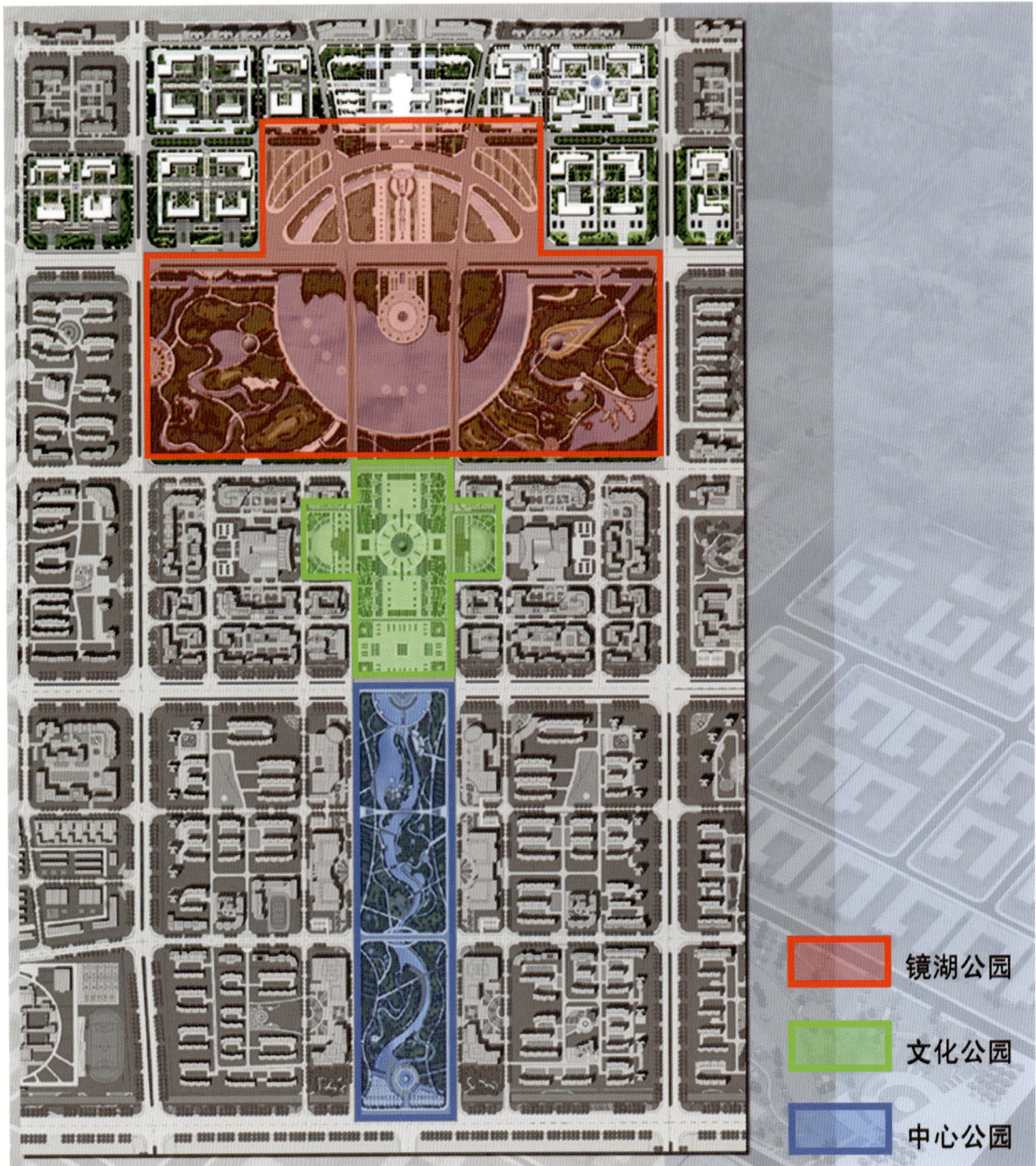

镜湖公园

文化公园

中心公园

图7-20

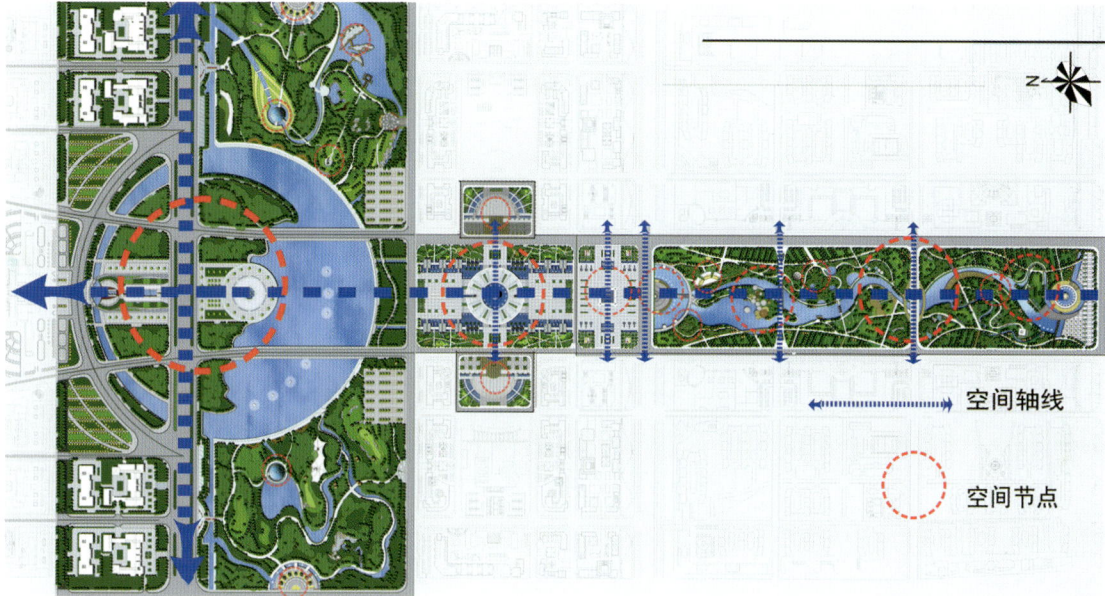

图7-21

空间轴线

空间节点

四、最终效果表现（见图7-22～图7-26）

图7-22

图7-23

图7-24

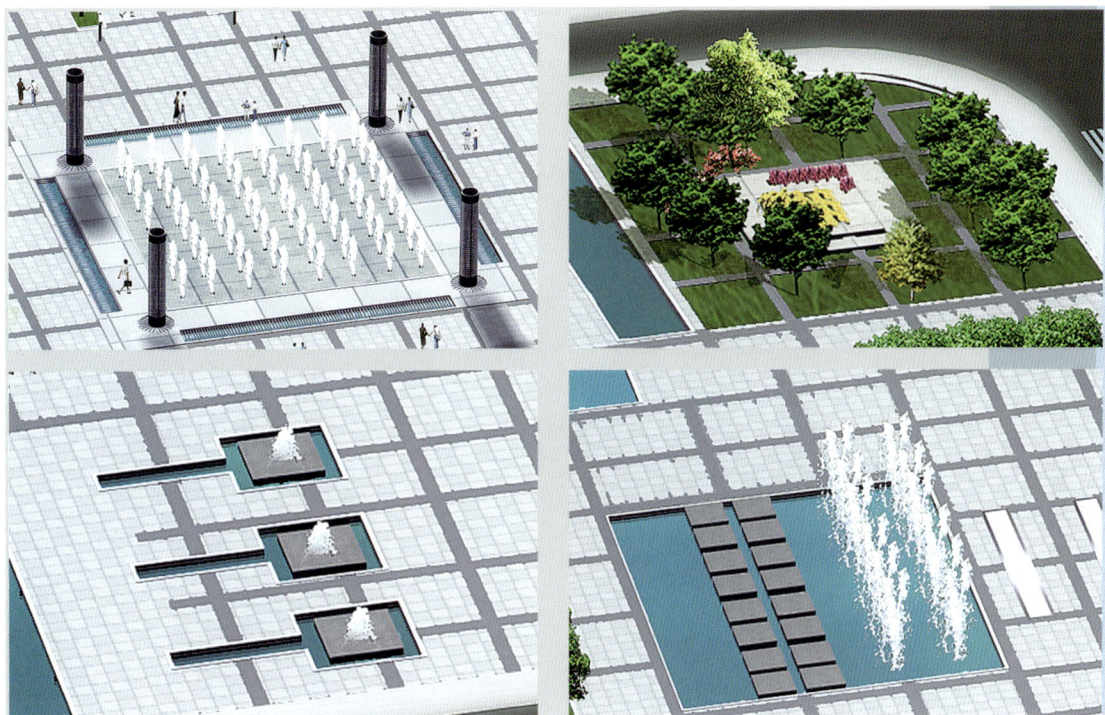

图7-25

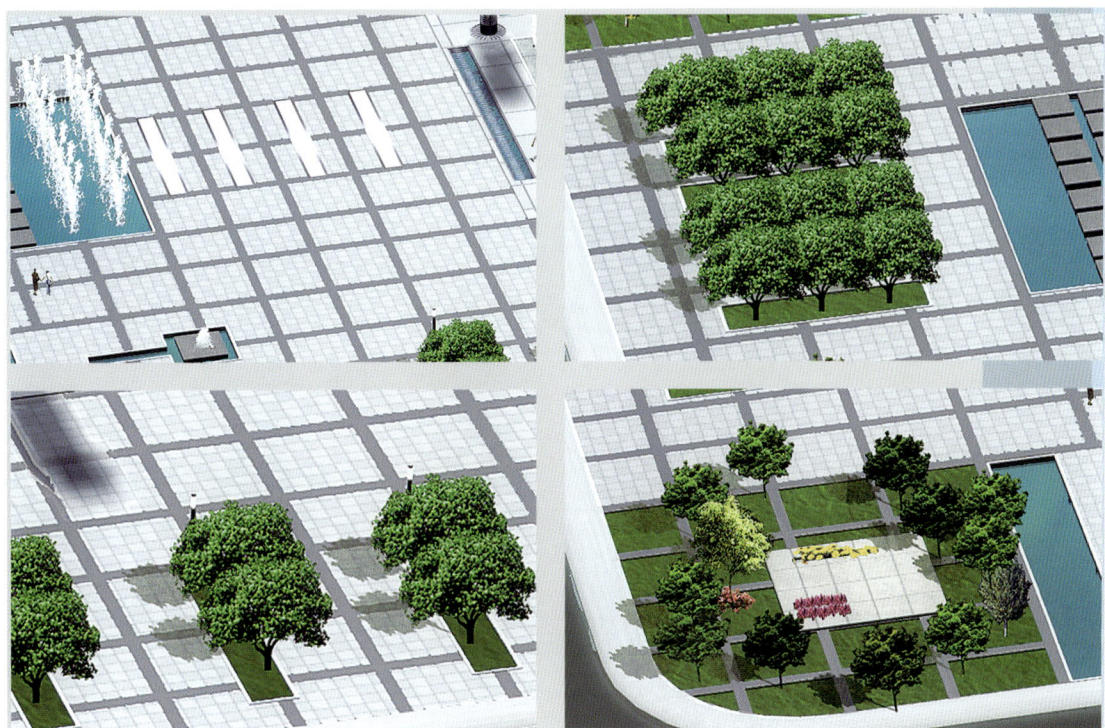

图7-26

第三节 //// 项目C设计过程

一、基地情况

某城市中心区一号路景观设计方案。从中

兴大街与一号路交口至疏港公路与一号路东段交口，全长3290米（见图7-27）。

图7-27

二、设计原则（见图7-28）

1.城市总体规划优先原则。尊重现有的城市脉络，充分结合地形现状。

2.街道公共环境质量优先原则。优先考虑景观的美化、亮化，通过对景观的规划设计，增进周边地带的街区环境质量，提高相关的城市环境素质。

3.保证功能的原则。功能的理念贯穿在景观规划和景观细部处理上，形式紧密结合功能。

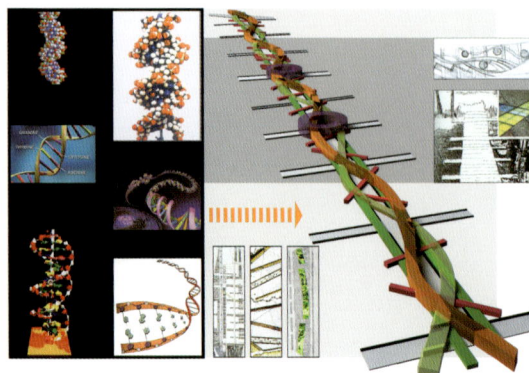

图7-28

4.一切以公众市民需要为主的原则。体现对人的关怀，规划设计以人为本。

三、设计手法（见图7-29）

本设计以新颖的设计理念和视觉变化效果，追求现代感，追求简洁、流畅的立体空间景观效果，设计手法多样化。注重新材料、新技术、新设计理念的运用，追求高技术景观效果。照明、绿化的布置充分体现现代、文明的现代化都市的风貌，在夜景设计中，地面发光罩、发光带、投光灯、草皮灯、广场灯等多种夜景照明手法综合运用，创造出星光灿烂的夜景景观效果。

平面铺装采用石材铺地，表现出其庄重之气；同时选用不同的色彩构造图案，线条划分着重于节奏、韵律的体现，并与绿化设施融为一体。每一主题内采取连续的变化、跃动的感觉给人以活力和魅力。此路段人行道宽5米。行道树树种采用法桐，树距8米。这样既可以露出沿街的建筑，起到绿化的作用，又不会夺走气氛。街面铺装纹样采用韵律对称性变化，既体现平衡，又充分体现秩序感。

景观设施：主要包括移动设施、休息设施、信息显示设施等。景观艺术品包括装饰设施（灯光照明等）、象征设施（雕塑等）。路灯：采用高低两组路灯，30米间距，两侧布置，对机动车道和人行道分别照明。

绿化景观设计：设计中考虑到生态与景观的双重作用，确定绿化的林带结构为封闭式结合部分半通透式。其中半透式出现的部位，应与城市景观相结合，遵循"佳则收之，俗则屏之"的原则，充分体现城市道路景观现代设计理念。以理性、抽象、简洁的思想为本在细节上力求精致到位，并充分结合国际上被广泛认同的审美观，坚持开放、发散的思维，在满足各项功能的基础上，以代表21世纪设计领域里领先的科技水准，借助新材料和新工艺的质感和肌理，用现代的色彩和物形，宣扬出最能唤起人们心灵深处渴求的自然和生命的主题，秉承"产业生态、人居活力、持续均衡"理念，融会"生态、科技、智能"三大主题。从而做到将现代艺术理念与设计手法引入景观改造中，既强调街道景观的审美特性，又注重新材料、新艺术的运用，从而带来了新的创作理念和新的景观面貌。

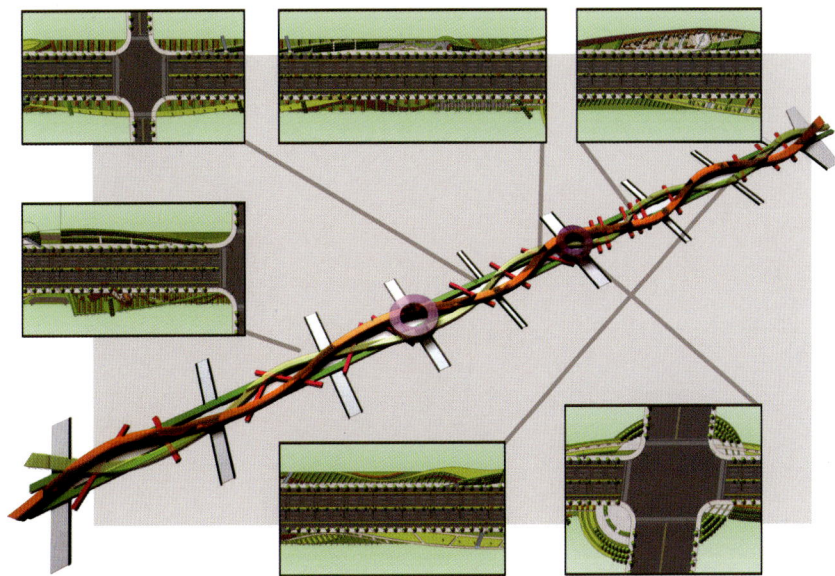

图7-29

四、最终效果表现（见图7-30～图7-39）

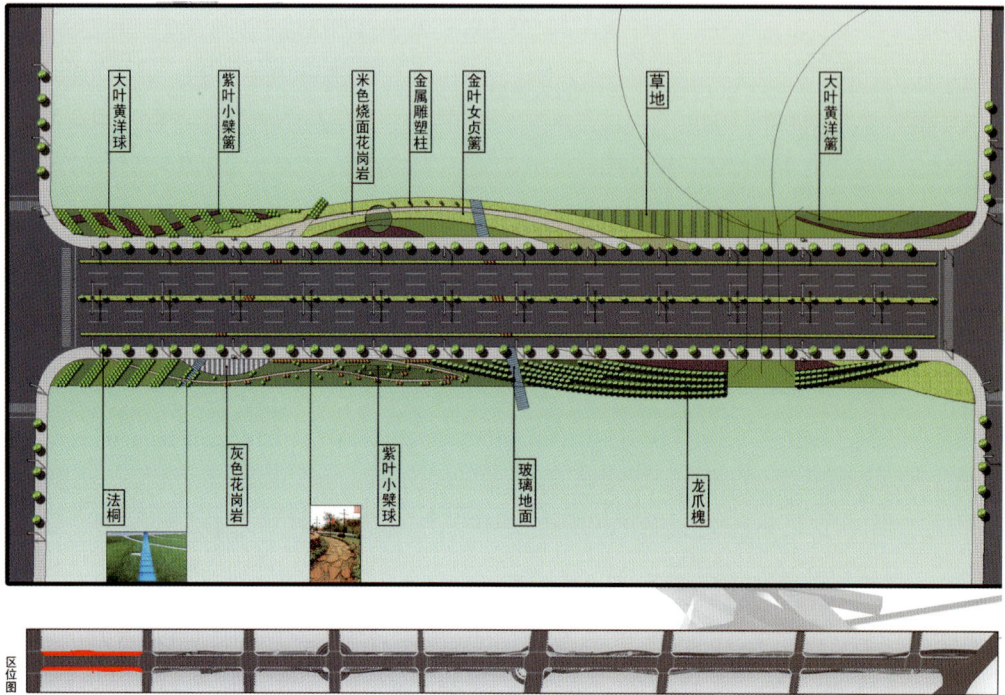

大叶黄洋球　紫叶小檗篱　米色烧面花岗岩　金属雕塑柱　金叶女贞篱　草地　大叶黄洋篱

法桐　灰色花岗岩　紫叶小檗球　玻璃地面　龙爪槐

区位图

图7-30

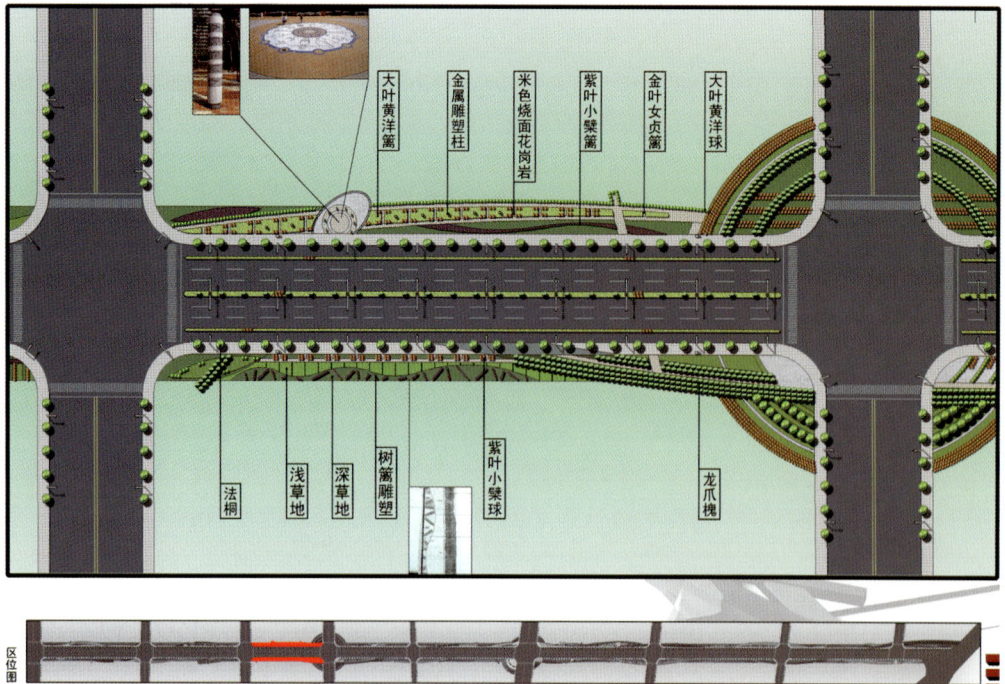

大叶黄洋篱　金属雕塑柱　米色烧面花岗岩　紫叶小檗篱　金叶女贞篱　大叶黄洋球

法桐　浅草地　深草地　树篱雕塑　紫叶小檗球　龙爪槐

区位图

图7-31

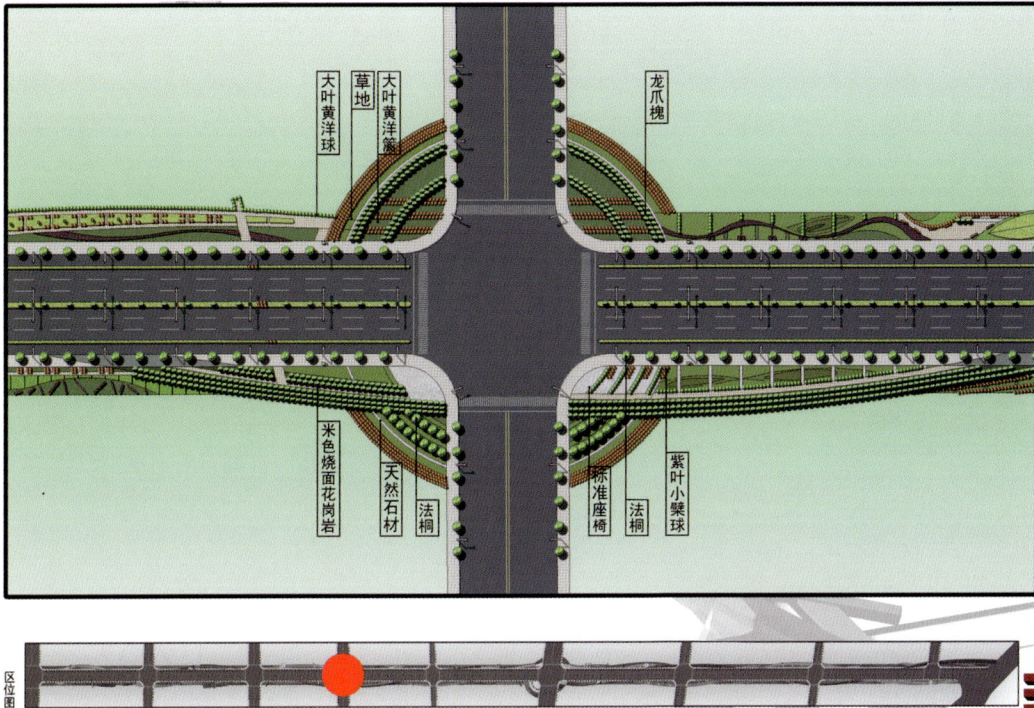

大叶黄洋球　草地　大叶黄洋篱　龙爪槐

米色烧面花岗岩　天然石材　法桐　标准座椅　法桐　紫叶小檗球

区位图

图7-32

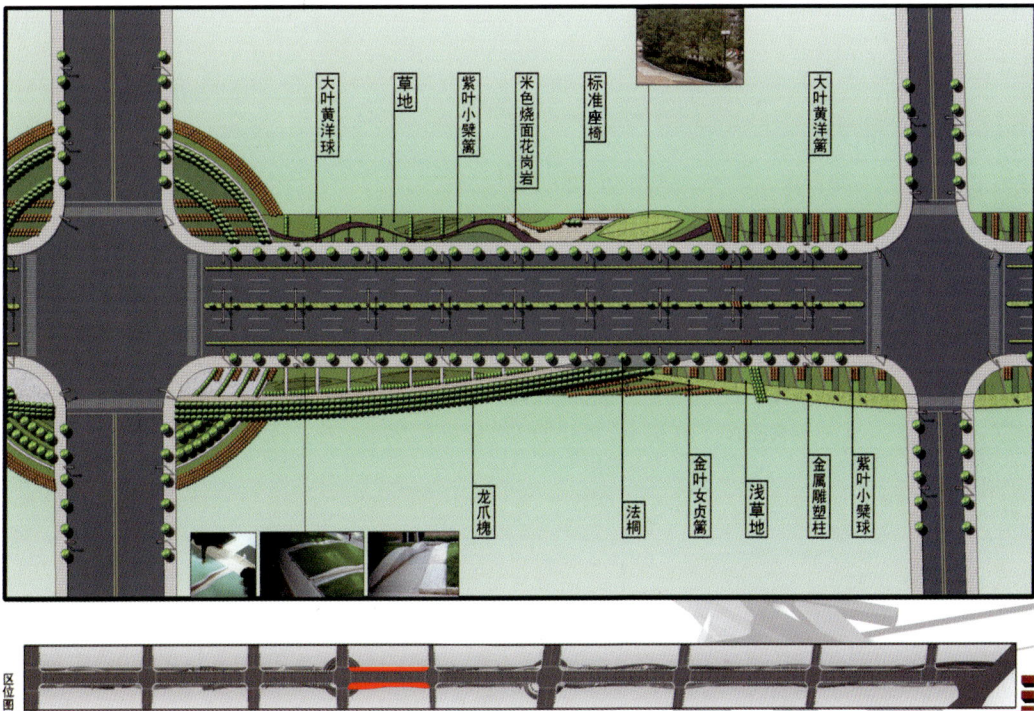

大叶黄洋球　草地　紫叶小檗篱　米色烧面花岗岩　标准座椅　大叶黄洋篱

龙爪槐　法桐　金叶女贞篱　浅草地　金属雕塑柱　紫叶小檗球

区位图

图7-33

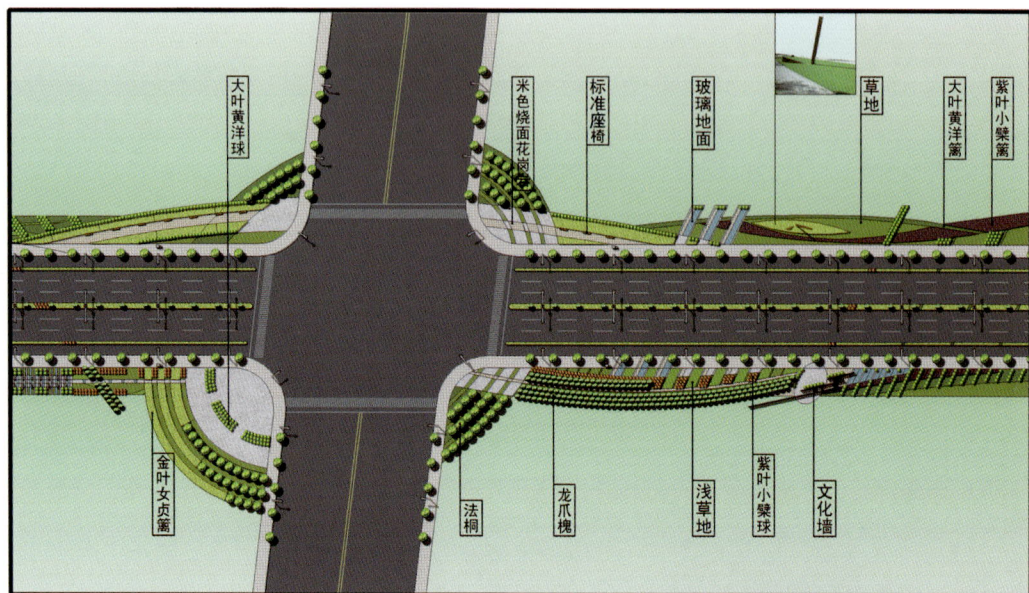

大叶黄洋球　米色烧面花岗岩　标准座椅　玻璃地面　草地　大叶黄洋篱　紫叶小檗篱

金叶女贞篱　法桐　龙爪槐　浅草地　紫叶小檗球　文化墙

区位图

图7-34

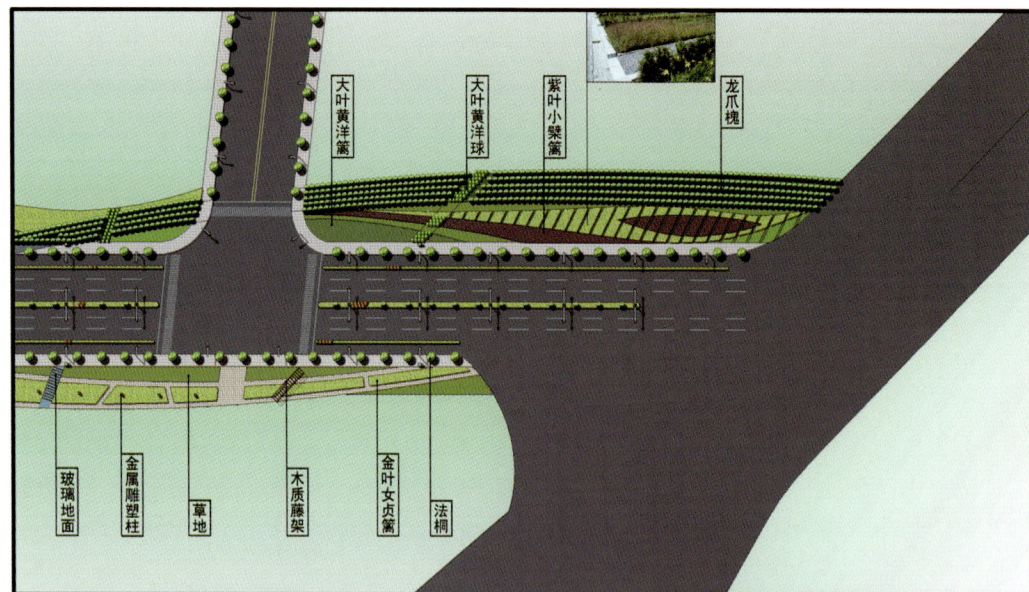

大叶黄洋篱　大叶黄洋球　紫叶小檗篱　龙爪槐

玻璃地面　金属雕塑柱　草地　木质藤架　金叶女贞篱　法桐

区位图

图7-35

图7—36

图7—37

图7—38

图7—39

第四节////项目D设计过程

一、基地情况

本项目位于某市新城区，其西临通道北路，北面对着马场北路，东连赛马场，南临兴霖街北面。与体育场隔路相望，距离北郊公园只有400米。分别距离滨河公园、公主府公园1千米、1.3千米。且离新城区人民政府只有1.5千米，所以交通便利，环境优越，公园资源充足（见图7—40）。

二、设计原则

本设计方案灵感源自欧洲维也纳音乐之都的

图7—40

设计，此项目涵盖了商业、教育、餐饮、运动、娱乐等方面的成熟配套设施，旨在把城市、郊区的自然环境与此处的别墅区作为一个有机整体，以维也纳古典音乐为线索，为居者带来音乐式的听觉享受、心灵体验及空间维度的感受。

设计承袭了维也纳古典音乐的独特风格：理智和情感高度统一、充满逸趣的乐思、表达最真挚的情感。本方案以古典音乐——城市维也纳为主题，提炼古典音乐的核心，赋予每个组团庭院以不同的风格特征，以古典音乐的发展时期：巴洛克时期、洛可可时期及古典时期为线索，串联整个空间序列，通过园林小品、雕塑、水景、

文化墙、铺装等元素表达独特的音乐式的居住环境。

维也纳作为世界音乐之都，从地理环境上有其独特之处：三面环山，波光粼粼的多瑙河穿城而过，四周围绕维也纳森林。本小区环境设计撷取其三面环山、一面流水的特色：三面环楼、一面面水。其优点是居者可以利用东、南、西三面产生一个半围合空间，在环境的私密性得到保证的同时，又可以营造出音乐家园的环境，使环境中的居者从任何方向都可以充分地欣赏到水景和园景，享受诗意般的生活（图7-41～图7-43）。

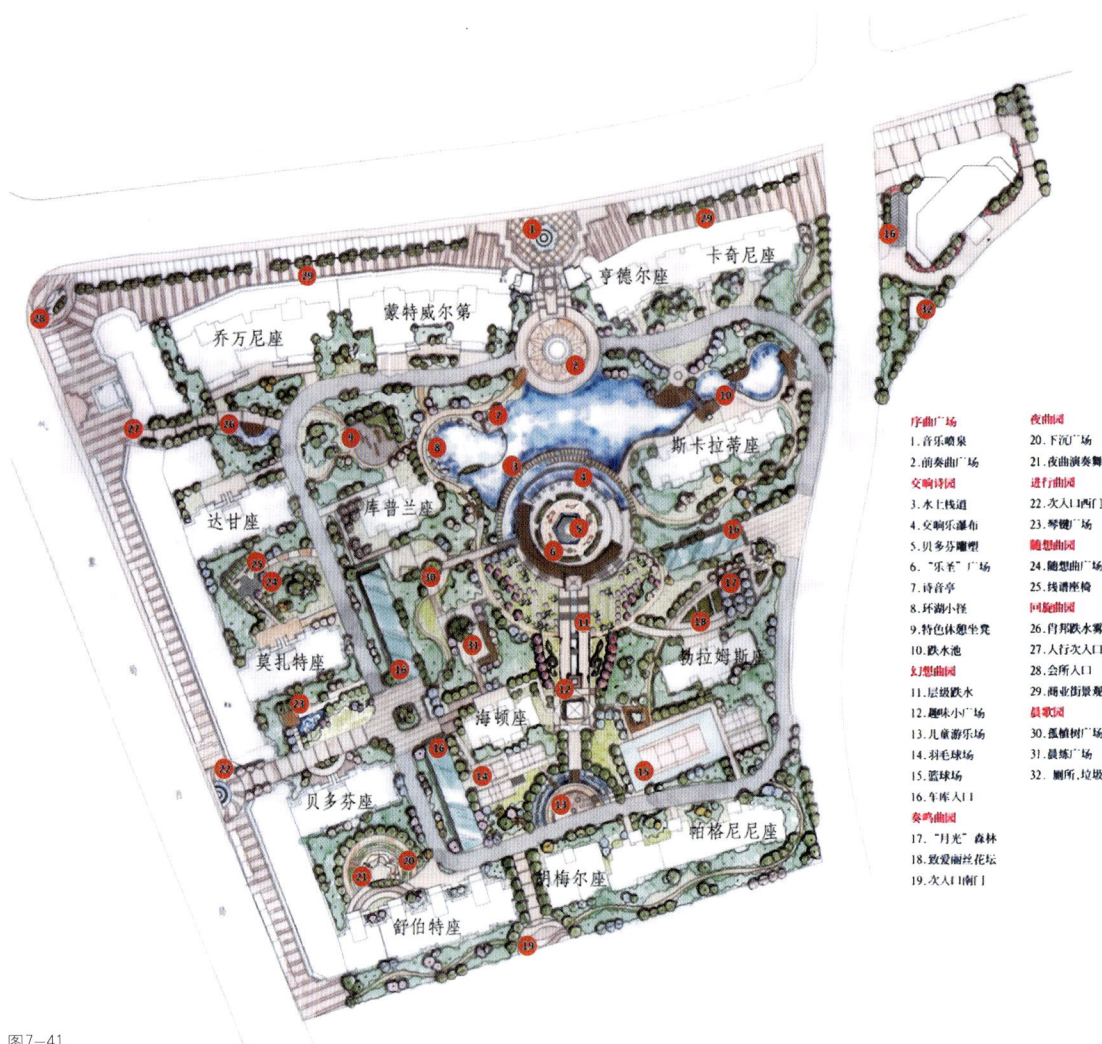

序曲广场
1.音乐喷泉
2.前奏曲广场
交响诗园
3.水上栈道
4.交响乐瀑布
5.贝多芬雕塑
6."乐圣"广场
7.诗音亭
8.环湖小径
9.特色休憩坐凳
10.跌水池
幻想曲园
11.层级跌水
12.趣味小广场
13.儿童游乐场
14.羽毛球场
15.篮球场
16.车库入口
奏鸣曲园
17."月光"森林
18.致爱丽丝花坛
19.次入口南门

夜曲园
20.下沉广场
21.夜曲演奏舞
进行曲园
22.次入口西门
23.琴键广场
随想曲园
24.随想曲广场
25.线谱座椅
回旋曲园
26.肖邦跌水雾
27.人行次入口
28.会所入口
29.商业街景观
晨歌园
30.孤植树广场
31.晨练广场
32.厕所、垃圾

图7-41

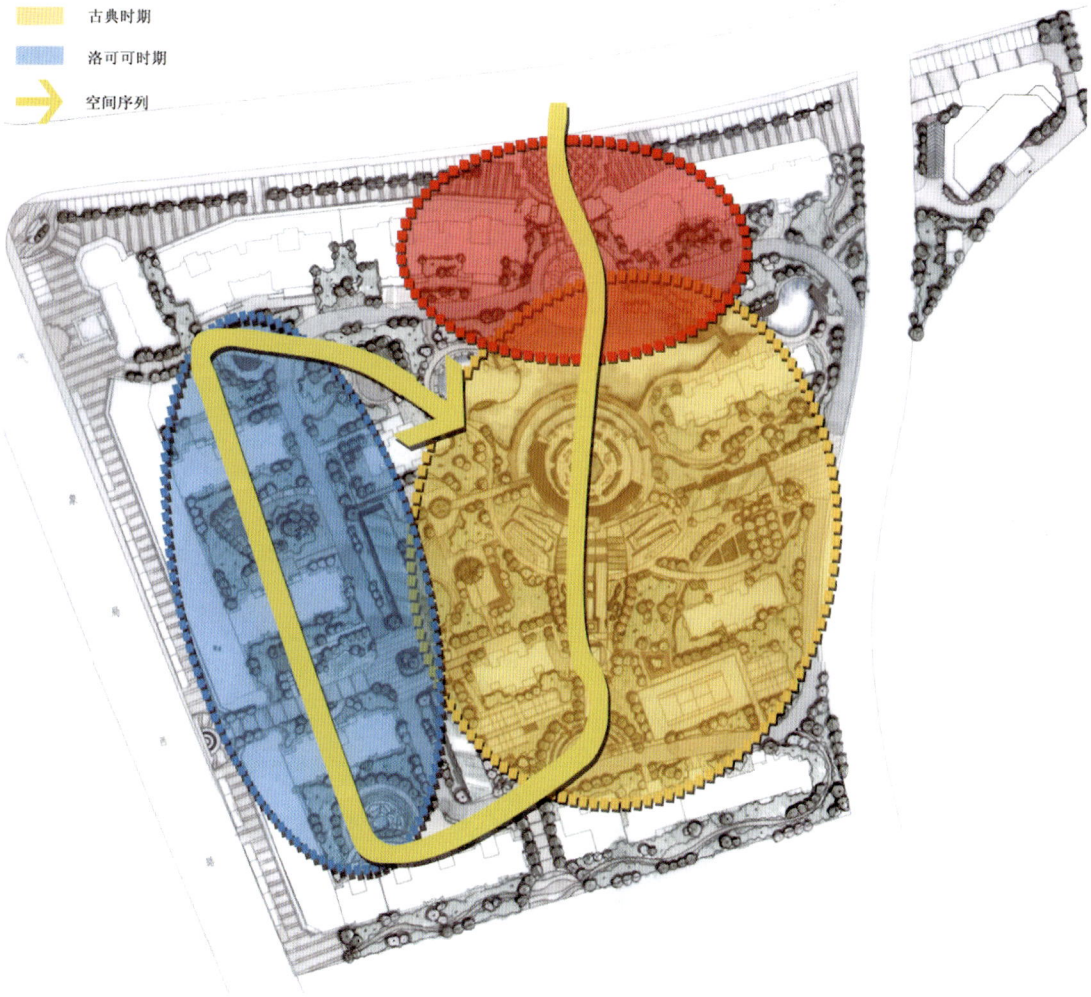

巴洛克时期

古典时期

洛可可时期

空间序列

图7—42

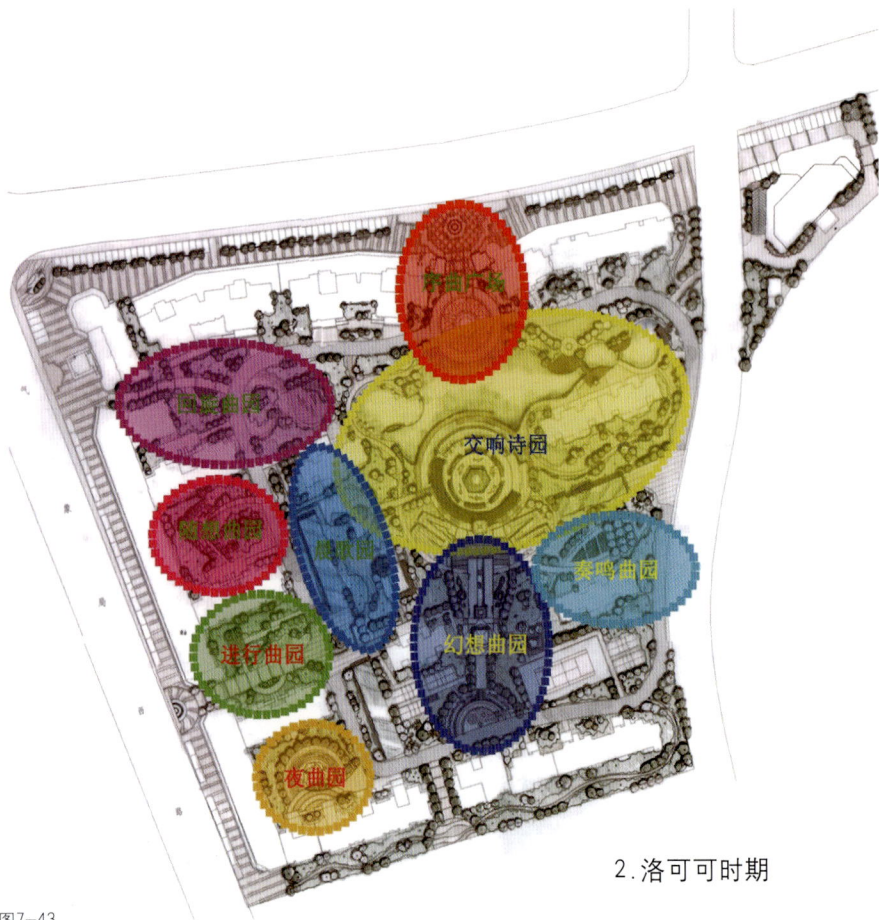

图7-43

三、设计手法

整个城市维也纳的居住环境设计以古典主义音乐的发展时期为轴线，由巴洛克时期的序曲广场、洛可可时期的交响曲园，古典时期的幻想曲园、夜曲园、进行曲园、随想曲园和晨歌园组成。

1.巴洛克时期

作为古典音乐发展的序曲，这一时期的音乐风格整体来说是庄严宏伟的，华丽、复杂、藻饰、着重于雄伟宏奇，同时巴洛克时期是个情感至上的时代，主张一切艺术先要有最强烈的情感表现。

设计中我们将这些特质融会贯通在小区音乐环境的开始阶段，作为城市维也纳的序曲——主入口广场及水面。广场的音乐喷泉也提醒人们即将进入一个音乐的殿堂，广场前端华丽而又壮观的瀑布如激昂、雄奇宏伟的交响乐，衬出城市维也纳的高品质与大气，以强烈的情感来召唤居者进入城市维也纳这个音乐式家园。

2.洛可可时期

洛可可的美学观念不同于巴洛克强烈的情感表现，它所奉行的是一种"现实主义"的美学，提倡人生享受和现世娱乐的生活情趣，追求一种柔媚雅致、细腻纤丽、轻松愉快的音乐风格，注重音乐给人带来的愉悦欢快的感受。同时洛可可是巴洛克和古典主义之间的一个缓冲，因为"巴洛克的雄浑、激情、伟力，无法直接进入古典主义相对平和的世界，它必须首先被消解。巴洛克纷乱嘈杂的口音不得不先经受优雅对话的调和，随后才能以希腊式的微笑面对世界"。正因为如此，在经过了入口广场及大瀑布的激昂，人们的情绪已经被调动起来，融入了城市维也纳。但是我们是一个居住区，更多的是一种宁静具有亲和力的生活环境，所以在入口以后，我们进入一个相对平静、纤巧的女神广场。如钢琴键的水上浅道、精巧的廊架、别致的休息座椅等精致而细心的设计，以及采用的极富维也纳老城区特色的铺装形式，来营造气氛，让居者进入洛可可那种柔媚雅致。慢慢进入居住环境的内庭部分——古典时期。

3.古典时期

古典主义时期贵族们要求的精致典雅的审美趣味，使得音乐的色调柔和朦胧，曲风也显得轻松、优雅和明快，音乐语言崇尚简洁通俗、柔和明快。而维也纳古典乐派美学观点还表现于艺术特征上的个性解放，主要是崇尚资产阶级的革命口号——自由、平等、博爱等。古典时期的音乐既高雅又有娱乐性，在规范的范围内富于表现力。

在设计中我们坚持并贯彻古典时期的风格特点，通过连接女神广场的台阶轴线，来到儿童乐园。配以欢快的音乐，结合喷水游戏景墙设计，给孩子们一个幻想、欢乐无限的活动天地。随后来到最西南端的组团庭院——夜曲园，通过下沉广场的处理，使此处变得更加私密和神秘。采用同心圆一圈圈向外扩大的方式，在空间上达到夜曲般的宁静和透彻。同时也可作为晚间年轻人弹吉他、吹口琴或家庭欢聚的场所。

夜曲园北侧是一个次入口，由于小区出入需要，此处以交通功能为主——进行曲园。但是在设计中还是遵循着古典时期的风格，以雅致的琴键广场、柔和明快的音阶跌水池来体现。在周围建筑围合出来的半私密性空间中，同样在执行着我们古典时期的风格。以优美的曲线设计出多功能的活动场所：钢琴广场、线谱座椅、肖邦跌水雾墙等，让居者有一个轻松、优雅的居住环境。最后在序曲广场的西边作为晨歌园，顾名思义，其主要是作为老人、小孩或中年居民晨练的场所。设计宽阔的孤植树广场，居民自带音乐播放器在这里开始一天的音乐生活，同时又是音乐神殿的循环。

4.楼体命名

城市维也纳的楼体命名同样遵循古典主义音乐的发展时期这条轴线，以各时期的代表音乐家的名字来命名楼体。按照各时期的长短及其所占位置的重要性，从主入口开始向南延伸，依次是巴洛克时期的音乐家、洛可可时期的音乐家、古典时期的音乐家（见图7-44～图7-49）。

在交响诗园西边作为晨歌园，顾名思义，作为老人、小孩或中年等居民晨练的天地，设计宽阔的孤植树广场，居民们自带着音乐播放器在这开始了一天的生活，打开了一天的好心情。

1.浮雕景墙
2.曲线座椅
3.晨练广场
4.莫扎特路
5.特色种植

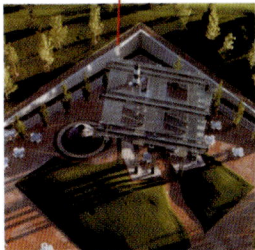

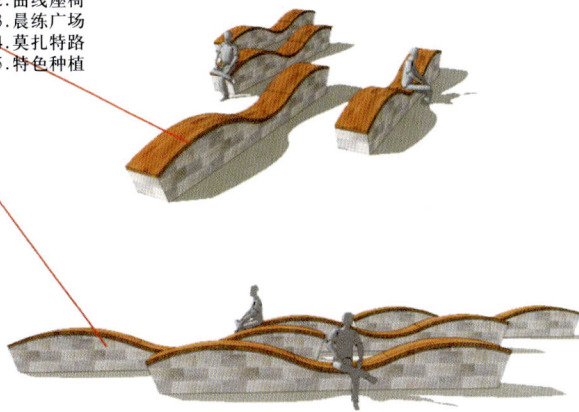

图7-44

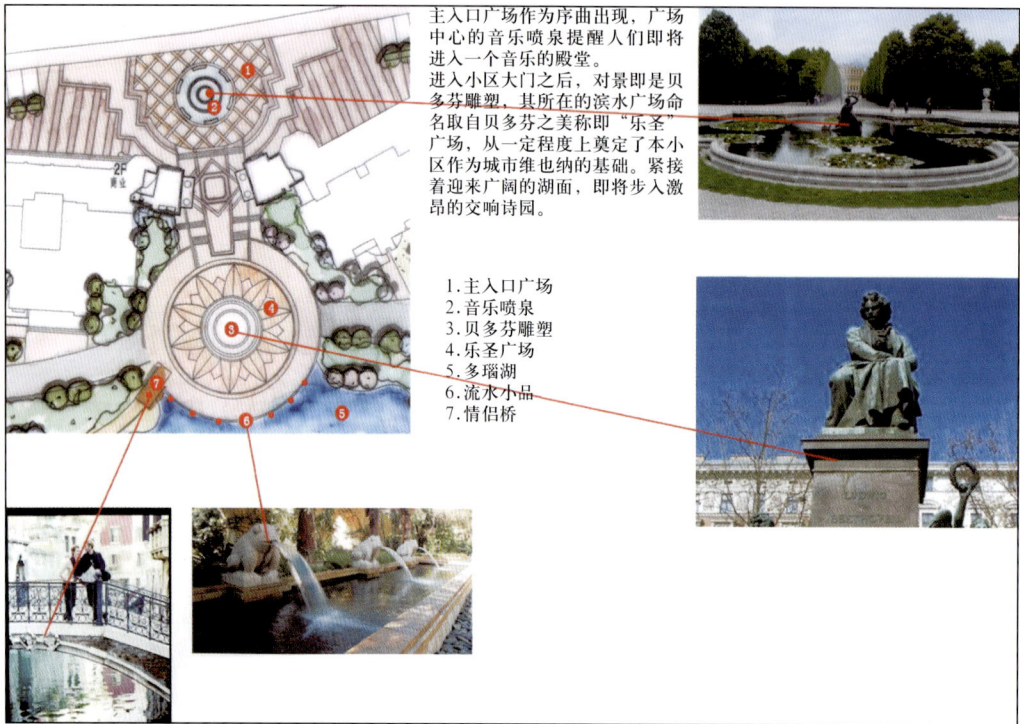

主入口广场作为序曲出现，广场中心的音乐喷泉提醒人们即将进入一个音乐的殿堂。

进入小区大门之后，对景即是贝多芬雕塑，其所在的滨水广场命名取自贝多芬之美称即"乐圣"广场，从一定程度上奠定了本小区作为城市维也纳的基础。紧接着迎来广阔的湖面，即将步入激昂的交响诗园。

1.主入口广场
2.音乐喷泉
3.贝多芬雕塑
4.乐圣广场
5.多瑙湖
6.流水小品
7.情侣桥

图7—45

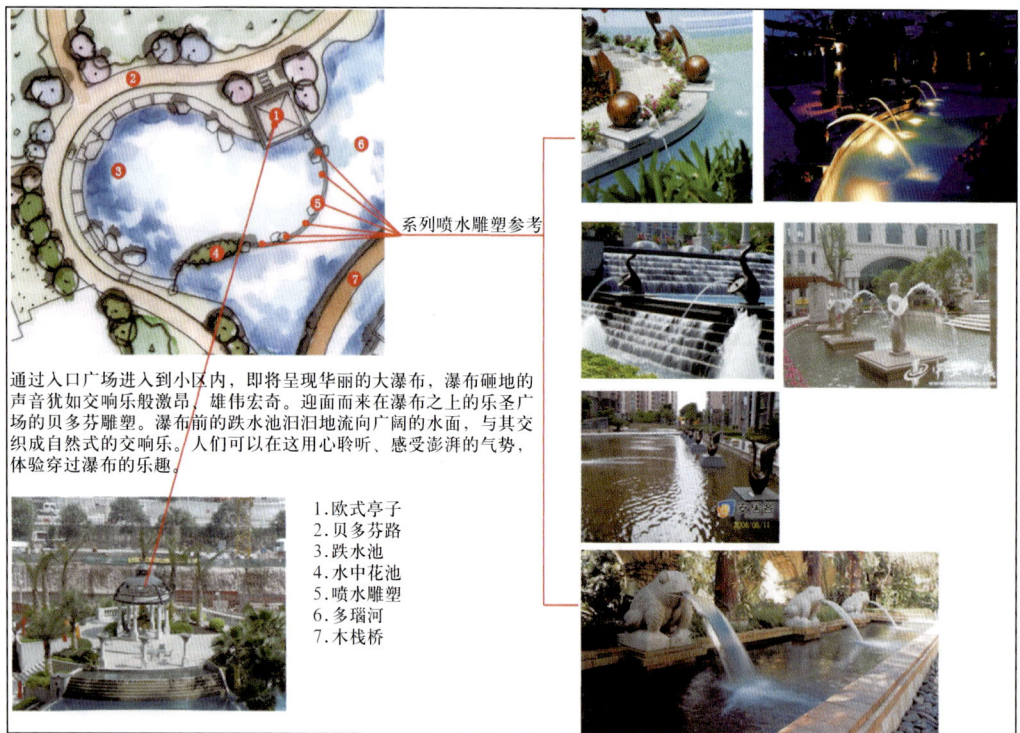

系列喷水雕塑参考

通过入口广场进入到小区内，即将呈现华丽的大瀑布，瀑布砸地的声音犹如交响乐般激昂，雄伟宏奇。迎面而来在瀑布之上的乐圣广场的贝多芬雕塑。瀑布前的跌水池汩汩地流向广阔的水面，与其交织成自然式的交响乐。人们可以在这用心聆听、感受澎湃的气势，体验穿过瀑布的乐趣。

1.欧式亭子
2.贝多芬路
3.跌水池
4.水中花池
5.喷水雕塑
6.多瑙河
7.木栈桥

图7—46

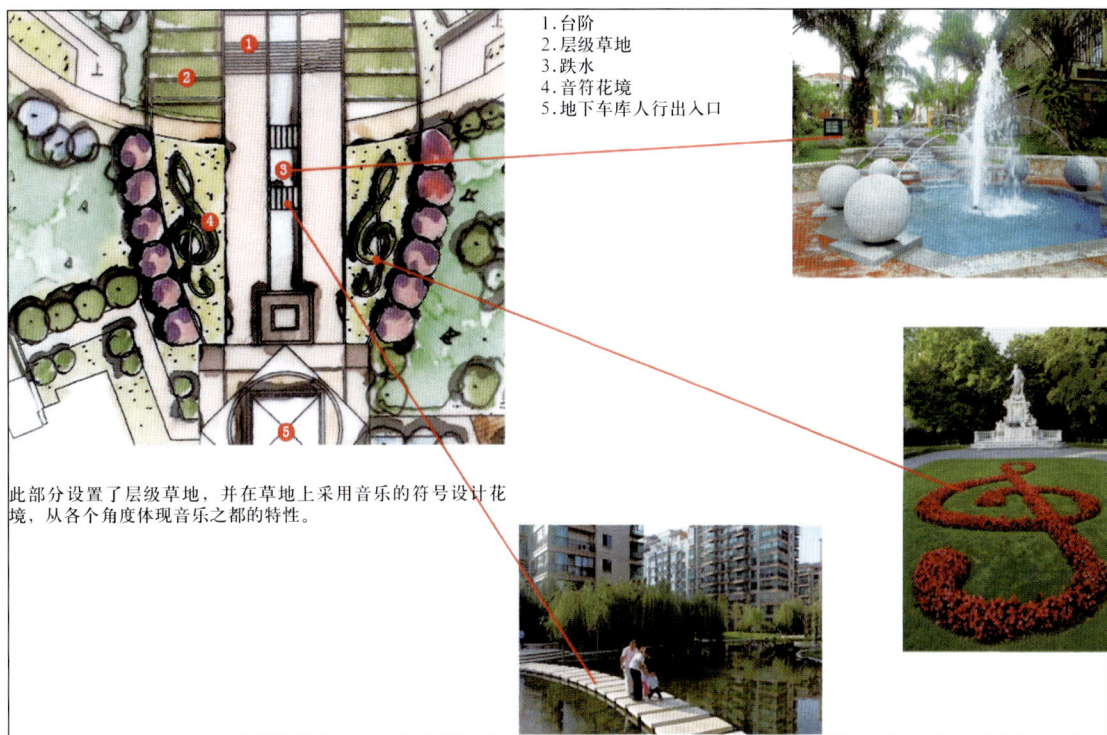

1.台阶
2.层级草地
3.跌水
4.音符花境
5.地下车库人行出入口

此部分设置了层级草地，并在草地上采用音乐的符号设计花境，从各个角度体现音乐之都的特性。

图7-47

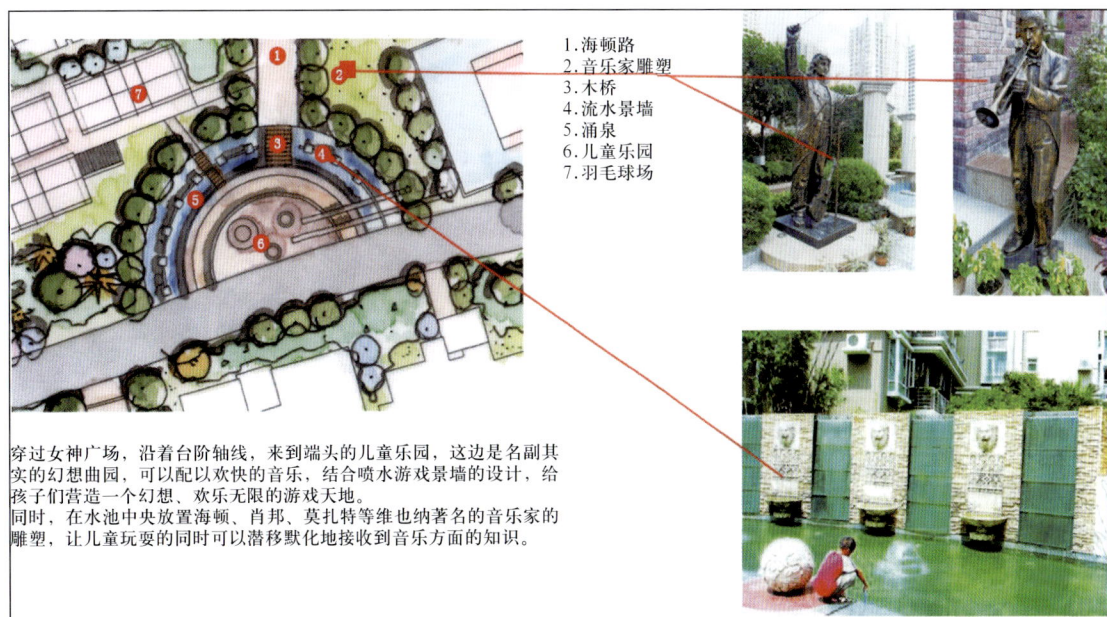

1.海顿路
2.音乐家雕塑
3.木桥
4.流水景墙
5.涌泉
6.儿童乐园
7.羽毛球场

穿过女神广场，沿着台阶轴线，来到端头的儿童乐园，这边是名副其实的幻想曲园，可以配以欢快的音乐，结合喷水游戏景墙的设计，给孩子们营造一个幻想、欢乐无限的游戏天地。

同时，在水池中央放置海顿、肖邦、莫扎特等维也纳著名的音乐家的雕塑，让儿童玩耍的同时可以潜移默化地接收到音乐方面的知识。

图7-48

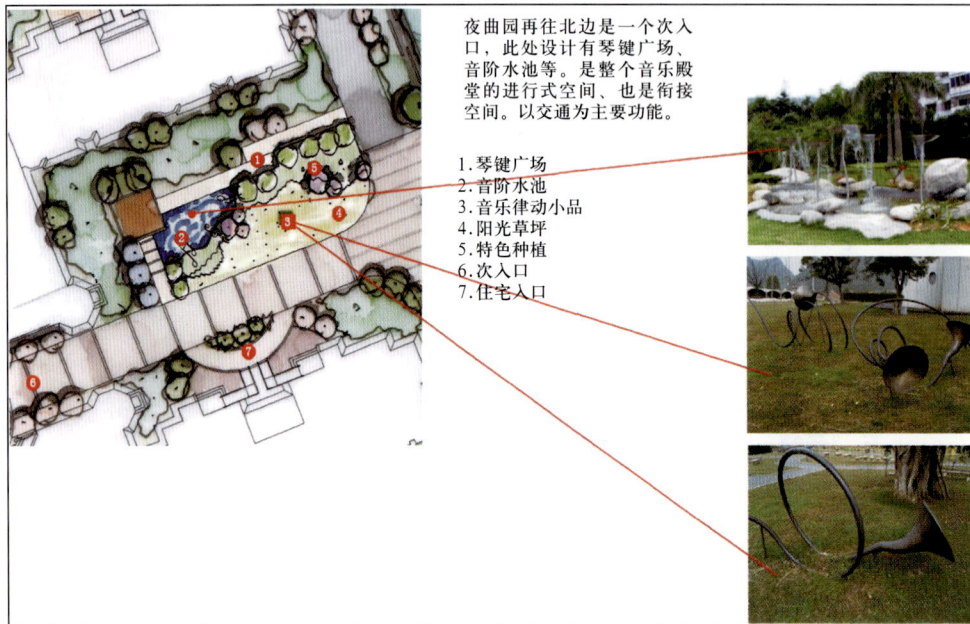

夜曲园再往北边是一个次入口，此处设计有琴键广场、音阶水池等。是整个音乐殿堂的进行式空间、也是衔接空间。以交通为主要功能。

1.琴键广场
2.音阶水池
3.音乐律动小品
4.阳光草坪
5.特色种植
6.次入口
7.住宅入口

图7-49

四、功能分析（见图7-50）

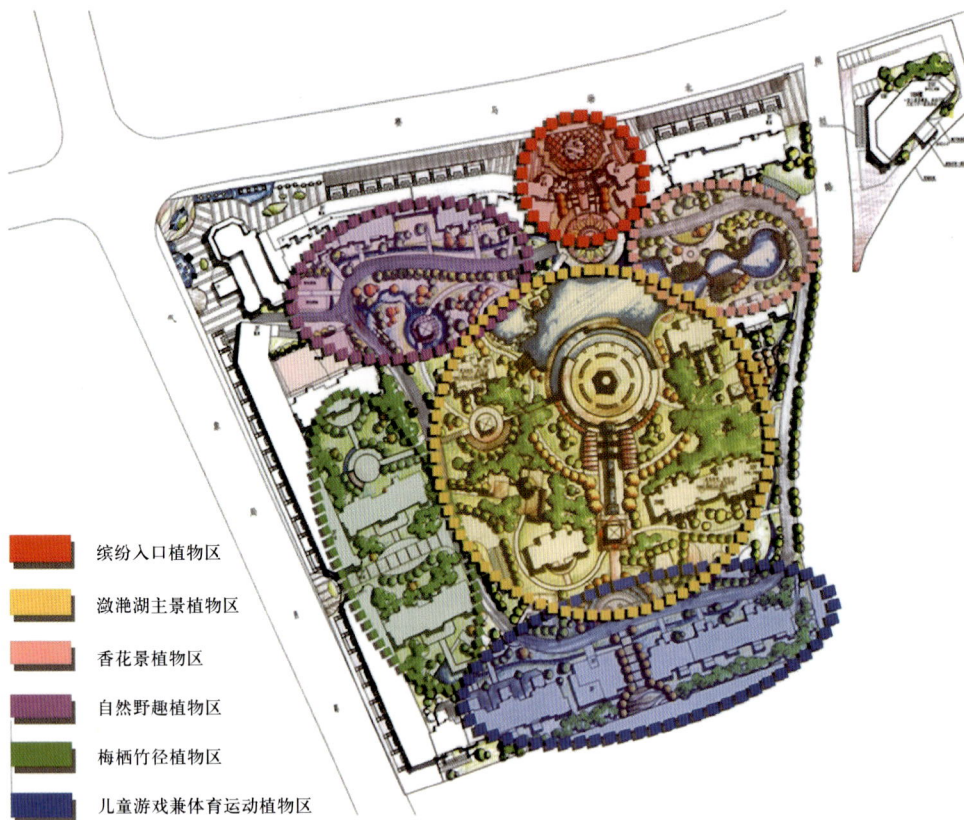

■ 缤纷入口植物区

■ 潋滟湖主景植物区

■ 香花景植物区

■ 自然野趣植物区

■ 梅栖竹径植物区

■ 儿童游戏兼体育运动植物区

图7-50

五、最终效果表现（见图7-51~图7-56）

图7-51

图7-52

图7-53

图7-54

图7-55

图7-56

参考文献 >>

[1] 侯幼彬.中国建筑美学.哈尔滨：黑龙江科学技术出版社，1997

[2] 刘海波.建筑形态与构成.北京：中国建筑工业出版社，2008

[3] 周俭.城市住宅区规划原理.上海：同济大学出版社，1999

[4] 夏祖华，黄伟康.城市空间设计.南京：东南大学出版社，2002

[5] 于一凡，周俭.城市规划快题设计方法与表现.北京：机械工业出版社，2009

[6] 沈福熙.建筑概论.上海：同济大学出版社，1994

[7] 王向荣.西方现代景观设计的理论与实践.北京：中国建筑工业出版社，2002

[8] 李德华.城市规划原理.北京：中国建筑工业出版社，2001